U0338058

工业节能减排精准化管理与系统化决策

温宗国　王奕涵 等　著

科 学 出 版 社

北　京

内 容 简 介

本书针对当前工业节能减排管理的热点研究问题，详细介绍作者及其团队在工业节能减排领域多个层面开展的精准化管理、系统化决策、不确定性分析及实践应用等研究成果。其中，在精准化管理方面，构建工业节能减排精准化管理模型，并专门论证产业共生技术措施对节能减排的有效性；在系统化决策方面，分别从技术、企业和行业层面展开研究，开发多属性决策、数据包络分析模型和多目标优化求解算法等方法学工具；在不确定性分析方面，本书采用拉丁超立方采样方法模拟工业系统的各种不确定性条件，规避管理不达标的潜在风险；在实践应用方面，开发区域性决策方法和标准化应用软件，提升理论节能减排管理工具的应用价值。

本书可供工业节能减排领域相关的企业管理者、政策制定者及高等院校、科研院所研究人员阅读和参考。

图书在版编目（CIP）数据

工业节能减排精准化管理与系统化决策 / 温宗国等著. —北京：科学出版社，2022.3

ISBN 978-7-03-071781-8

Ⅰ. ①工…　Ⅱ. ①温…　Ⅲ. ①工业企业-节能减排-研究-中国　Ⅳ. ①TK018

中国版本图书馆 CIP 数据核字（2022）第 042186 号

责任编辑：张淑晓　高　微 / 责任校对：樊雅琼
责任印制：吴兆东 / 封面设计：东方人华

科学出版社 出版
北京东黄城根北街 16 号
邮政编码：100717
http://www.sciencep.com
北京中石油彩色印刷有限责任公司 印刷
科学出版社发行　各地新华书店经销

*

2022 年 3 月第 一 版　开本：720 × 1000　1/16
2022 年 3 月第一次印刷　印张：13 1/2
字数：268 000

定价：98.00 元

（如有印装质量问题，我社负责调换）

前　　言

中国在长期探索工业节能减排的管理实践中取得了一定成效，但节能减排形势依然较为严峻，且面临一系列重大挑战。一方面，现有工业节能减排的主要措施（如淘汰落后产能、结构升级、技术改造等）趋于成熟，潜力空间逐渐收窄，传统粗放式的节能减排措施应用模式难以满足日益严格的节能减排政策约束要求；必须依据各个工业行业的特点采用精准化管理方法，量化并对比各项措施的效果，从而有的放矢地制定有效的节能减排政策。另一方面，随着工业节能减排的持续深入，决策过程中需考虑的管理目标数量日益增加，需要同时管理节能、大气污染物减排、水污染物减排、碳排放和成本控制等目标；不同节能减排措施往往会同时对各项管理目标造成直接或间接的影响，导致各个目标间存在复杂的协同效应和冲突关系，需要采取科学方法统筹管理这些高维目标以支撑系统化决策。工业系统中产能结构、工艺技术等存在多重不确定性，往往导致预测结果与实际情况产生较大偏差，从而影响管理政策的有效性。因此，工业节能减排系统预测要充分考虑不确定性分析，对多种高维节能减排目标和工艺技术措施等做出科学的精细化管理。在解决这些理论问题的同时，迫切需要在实际的节能减排管理过程中，根据面临的主要问题科学地集成应用系统化决策方法。

为攻克上述理论瓶颈和解决实际管理问题，本书针对工业节能减排的管理需求在行业、企业、技术等多个维度开发了多套方法学，实现了可求解的系统化决策方法和精准化管理应用。本书第 2 章构建了工业节能减排精准化管理模型，研究钢铁行业节能减排效益较优的措施和节能减排潜力空间较大的主要工序。第 3 章论证了产业共生技术措施对于节能减排的有效性，通过进一步构建全国“钢铁-电力-水泥”产业共生系统，模拟了 75 项产业共生技术及其跨行业共生的关键节点，并初步对产业共生技术提出分类推广的政策建议。第 4 章至第 6 章分别从技术、企业和行业层面，探索工业节能减排管理的系统化决策问题。其中，第 4 章应用熵权优劣解距离法（technique for order preference by similarity to an ideal solution，TOPSIS）开发了多属性决策方法，基于 6 项属性评估了 22 项消纳钢铁行业副产品的产业共生技术，解决了技术系统的评估优选问题；第 5 章采用多种数据包络分析（data envelopment analysis，DEA）模型，详细考察了全国 54 家规模化钢铁企业及其采用的主体工艺，考虑能源、资源、劳动力等投入指标以及产品、污染物、副产品等产出指标，通过系统评估企业环境效率来识别重点管控的企业和存在的工艺短板；第 6 章首次将高维多目标优化算法——第三代快速非支配排序遗传算法（3rd edition of non-dominated sorting genetic algorithm，NSGA-Ⅲ）应用到工业节能减排管理领域，开发了包含节能、多种污染物减排和成本控制在内的高维多目标优化模型，解决了行业多目标协同控制的方法学问题。针对实现工业节能减排管理目标的不确定性问题，本书第 7 章采用拉丁超立方采样方法模拟工业系统的各种不确定性条件，以钢铁行业节能管理为例开展实践，支撑节能管理目标的决策及结构、技术等关键参数的调控，规避管理不达标的潜在风险。

为了进一步支撑地方开展工业节能减排的精准化管理和相关研究机构便捷高效地推进系统性研究，本书开发了区域性决策方法和标准化应用软件。在区域管理应用上，本书第 8 章以山西省长治市为例，系统识别该市火电、水泥、焦化和钢铁行业中需要重点管控的企业，依据其生产现状精准识别关键企业节能减排的改进措施及其潜力，从而将精准化管理和系统化决策方法成功应用于城市级工业节能减排管理。在标准化应用软件上，本书第 9 章充分考虑工业节能减排领域开展科学研究和项目管理需求，开发了工业节能减排管理决策支持系统，集成课题组已有研究成果，内嵌标准化数据库、模型结构及常用算法，便于研究者快速入门进而开展模拟和计算工作，并设计开发了团队工作机制和研究成果交互系统。

本书作者包括温宗国、王奕涵、曹馨、许毛、陈杰皓、郑棹方、王彦超、程淇。本书内容主要基于国家杰出青年科学基金（71825006）项目的研究成果。在研究、撰写和出版过程中，自始至终得到了工业和信息化部节能与综合利用司、国家自然科学基金委员会等部门领导、专家的倾力支持和指导，在此致以诚挚的谢意。本书引用的国内外有关研究成果已在章后的参考文献中列出，但未能列出全部文献，在此向这些文献的作者表示感谢。尽管在撰写过程中作者力求完善，但限于作者的知识水平，书中难免存在疏漏与不足之处，恳请广大读者批评指正。

温宗国

2022 年 2 月 20 日于清华园

目　　录

前言
第 1 章　绪论 …… 1
1.1　工业节能减排管理的重大挑战 …… 1
1.2　工业节能减排管理的关键问题 …… 5
1.3　本书主要内容 …… 6
第 2 章　工业节能减排精准化管理模型 …… 10
2.1　工业节能减排精准化管理研究概述 …… 10
2.2　工业节能减排精准化管理模型结构 …… 11
2.2.1　行业系统模拟 …… 11
2.2.2　行业节能减排措施 …… 11
2.2.3　节能减排效益核算 …… 14
2.3　钢铁行业节能减排预测 …… 16
2.3.1　钢铁行业发展现状 …… 16
2.3.2　钢铁行业节能减排措施情景设定 …… 18
2.4　钢铁行业节能减排精准化管理实践 …… 21
2.4.1　钢铁行业节能减排潜力 …… 21
2.4.2　中国钢铁行业节能减排路径 …… 22
2.4.3　中国钢铁行业精准化管理建议 …… 25
2.5　本章小结 …… 26
参考文献 …… 26
第 3 章　产业共生系统建模及技术政策分析 …… 29
3.1　产业共生的发展现状 …… 29
3.1.1　产业共生的相关概念 …… 29
3.1.2　产业共生的国内外实践 …… 30
3.2　产业共生系统模拟 …… 32
3.2.1　研究边界 …… 33
3.2.2　网状结构模拟与匹配关系识别 …… 33
3.3　共生系统的节能减排潜力及成本分析 …… 38
3.4　关键共生技术的识别 …… 43

3.4.1　跨行业耦合共生技术系统采样和不确定性因素识别 …… 43
3.4.2　共生技术系统节能减排的可行目标与关键共生技术 …… 43
3.5　本章小结 …… 47
参考文献 …… 48
第 4 章　产业共生技术优选的系统化决策：基于熵权 TOPSIS 的多属性评估 …… 50
4.1　产业共生技术优选的系统化决策 …… 50
4.2　钢铁行业共生技术评估属性设置 …… 52
4.3　基于熵权 TOPSIS 的多属性决策方法 …… 55
4.3.1　决策矩阵标准化 …… 56
4.3.2　确定属性权重 …… 57
4.3.3　理想解生成 …… 57
4.3.4　相对接近度计算 …… 58
4.4　随机采样 …… 58
4.5　产业共生技术体系评价 …… 59
4.6　产业共生技术优选系统化决策结果 …… 60
4.6.1　最优产业共生技术筛选 …… 60
4.6.2　产业共生技术优选方案及效果评价 …… 62
4.7　本章小结 …… 64
参考文献 …… 64
第 5 章　企业节能减排系统化决策方法及应用 …… 67
5.1　企业环境效率评估研究现状 …… 67
5.2　案例企业概况 …… 69
5.3　基于数据包络分析的环境效率评估方法 …… 70
5.3.1　投入产出结构设定 …… 70
5.3.2　数据包络分析法 …… 71
5.3.3　回归分析 …… 73
5.4　企业环境效率评估结果 …… 74
5.4.1　企业环境效率整体结果 …… 74
5.4.2　工艺环境效率结果 …… 76
5.4.3　企业环境效率的影响因素分析 …… 81
5.5　本章小结 …… 82
参考文献 …… 83
第 6 章　行业节能减排系统化决策：基于 NSGA-Ⅲ的高维多目标协同控制 …… 86
6.1　工业节能减排的高维多目标决策进展 …… 86

6.2 钢铁行业系统高维多目标优化模型建立 …… 90
6.2.1 优化变量 …… 91
6.2.2 优化目标 …… 94
6.2.3 约束条件 …… 95
6.3 带约束的 NSGA-Ⅲ方法 …… 96
6.4 基于模糊 C 均值聚类的最终优化方案生成 …… 101
6.5 钢铁行业系统高维多目标优化结果 …… 102
6.5.1 优化算法评价 …… 102
6.5.2 优化结果概述 …… 103
6.5.3 最终优化方案 …… 104
6.6 本章小结 …… 108
参考文献 …… 108
第 7 章 工业节能减排管理的不确定性分析 …… 112
7.1 工业节能减排不确定性分析研究现状 …… 112
7.2 工业节能减排不确定性分析模型及实践 …… 113
7.2.1 模型架构 …… 113
7.2.2 行业技术系统模拟 …… 114
7.2.3 案例数据收集 …… 115
7.2.4 能耗及成本核算 …… 116
7.2.5 不确定性分析 …… 117
7.3 不确定性分析结果 …… 119
7.3.1 钢铁行业节能目标设定 …… 119
7.3.2 原料-生产结构调整 …… 121
7.3.3 技术分类与推广政策 …… 122
7.4 本章小结 …… 123
参考文献 …… 124
第 8 章 区域工业节能减排应用：以山西省长治市为例 …… 128
8.1 区域工业节能减排管理研究现状 …… 128
8.2 案例区域介绍 …… 130
8.3 区域工业减排管理方法 …… 135
8.3.1 基于系统化决策的重点管控企业识别 …… 135
8.3.2 基于精准化管理的企业减排路径 …… 135
8.4 长治市工业节能减排精细化管控路径分析 …… 139
8.4.1 长治市工业企业污染绩效评价结果 …… 139
8.4.2 重点企业节能减排路径及潜力评估 …… 141

8.5　区域工业节能减排精准管理建议 ………………………………… 144
8.6　本章小结 ………………………………………………………… 146
参考文献 …………………………………………………………… 146
第 9 章　工业节能减排管理决策支持系统 ……………………………… 150
9.1　平台整体结构 ……………………………………………………… 150
9.2　工业节能减排规范化数据体系 ……………………………………… 152
9.3　模型搭建 ………………………………………………………… 158
9.3.1　创建模型 ……………………………………………………… 159
9.3.2　配置关系 ……………………………………………………… 160
9.3.3　量化表征 ……………………………………………………… 160
9.4　数据交互 ………………………………………………………… 163
9.5　算法运算与结果呈现 ……………………………………………… 164
9.6　本章小结 ………………………………………………………… 166
第 10 章　总结与展望 ……………………………………………………… 168
10.1　精准化管理 ……………………………………………………… 168
10.2　系统化决策 ……………………………………………………… 169
10.3　不确定性分析 …………………………………………………… 170
10.4　管理应用实践 …………………………………………………… 170
10.5　未来研究展望 …………………………………………………… 171
附录 ……………………………………………………………………… 172
附录 A　企业环境效率评估结果 ……………………………………… 172
附录 B　高维多目标优化算法代码 …………………………………… 179
附录 C　不确定性分析采样结果 ……………………………………… 202

第1章 绪 论

1.1 工业节能减排管理的重大挑战

工业部门节能减排取得成效，但形势依然严峻。工业部门是重要的能耗和污染物排放部门，长期以来引发了全球气候变化、酸雨、光化学烟雾、雾霾等一系列环境问题，对地球生态及人类健康造成威胁。为应对上述问题，世界主要国家秉持可持续发展理念，采取了一系列节能减排措施，取得了一定成果。例如，中国自“十一五”起，建立或完善了超低排放、环境影响评价、排污许可证、最佳可行技术等管理制度体系，工业节能减排成效尤为显著。中国单位工业增加值能耗从2000年的2.55tce/万元[①]下降至2019年的0.955tce/万元，下降幅度超过60%，在工业增加值同期提升超5倍的趋势下，有效遏制了工业总能耗过快增长的趋势（图1-1）。第二次污染源普查显示，2017年工业源二氧化硫、氮氧化物、烟粉尘、

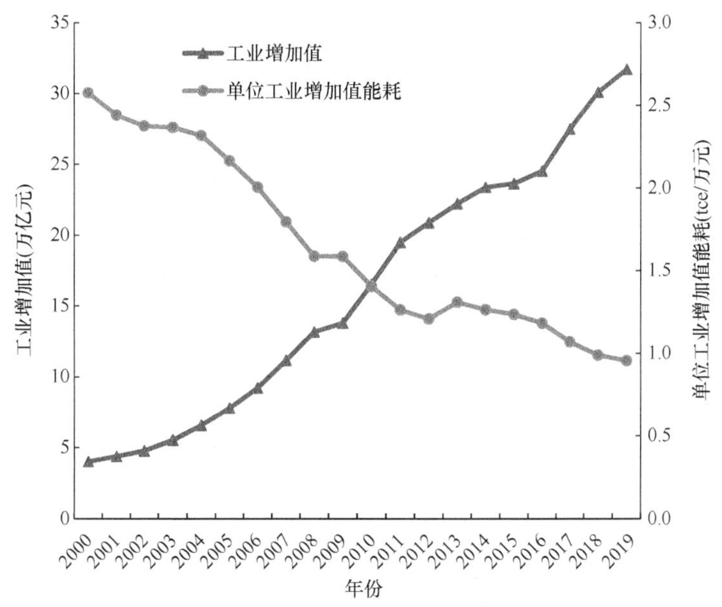

图1-1 2000～2019年中国工业增加值及单位工业增加值能耗（2005年不变价）
（数据来源：国家统计局）

① tce表示吨标准煤，kgce表示千克标准煤，kgoe表示千克标准油。

化学需氧量、氨氮排放量比第一次污染源普查结果（2007 年）下降 27.3～83.9 个百分点，在工业增加值稳步上升的同时实现污染排放大幅度下降。

2020 年 10 月，党的十九届五中全会把“生态文明建设实现新进步”作为“十四五”时期经济社会发展的六方面主要目标之一，并明确提出了 2035 年基本实现社会主义现代化远景目标——“广泛形成绿色生产生活方式，碳排放达峰后稳中有降，生态环境根本好转，美丽中国建设目标基本实现”。在新形势下，虽然工业节能减排已经取得较大成就，但也要充分认识到仍然面临的重大挑战：一方面，工业仍然是中国能耗和污染物排放的最大贡献部门，“十三五”期间工业能耗占全国能耗比例虽略有下降，但始终维持在 60%以上；根据第二次污染源普查结果，2017 年工业二氧化硫、烟粉尘排放占全社会排放的 75%以上，氮氧化物排放占比 36.2%，均高于中国工业增加值在该年度 32%的比例。另一方面，进入“十四五”时期，中国城镇化进程将不断加快，党中央、国务院对促进经济社会绿色高质量发展、生态文明建设取得新成效提出了新要求和新任务，工业能耗及污染物排放水平仍需在当前基础上持续下降，节能减排管理目标将日益严格。

现有节能减排措施应用趋于成熟，潜力空间逐渐收窄。工业部门节能减排的关键措施，如规模控制、结构调整和技术推广，均已在中国开展应用了较长时间。过去这些措施从生产工艺、过程优化及末端控制等多个角度，有效支撑了工业部门节能减排目标的实现。然而，现有措施的应用已经日臻成熟，在下一阶段继续推动节能减排的潜力空间逐渐收窄。以技术推广为例，最佳可行技术（best available techniques，BAT）体系最早由欧盟于 1996 年建立，设置各个工业行业在当前发展阶段最有效的节能减排技术，并通过与排污许可证制度挂钩以促成技术的推广。我国的最佳可行技术体系经历了快速发展的历程：环境保护部于“十一五”期间开始推动污染防治最佳可行技术体系的建设；2012 年工业和信息化部（以下简称工信部）陆续出台了十余个行业的最佳节能减排可行技术的目录与指南，共发布 11 个行业、669 项先进节能减排技术（专栏 1-1）；国家发展和改革委员会（以下简称发改委）自 2014～2017 年每年更新国家重点节能低碳技术推广目录[①]；科学技术部（以下简称科技部）出台了两批《节能减排与低碳技术成果转化推广清单》[②]等。欧盟及中国的最佳可行技术体系均在长期的实践过程中趋于成熟，各项先进适用技术得到了充分应用，进一步推广以拓展节能减排潜力的空间有限，且技术推

① 目前最新版本为 2017 年本，其中节能部分公告详见：https://www.ndrc.gov.cn/xxgk/zcfb/gg/201802/t20180212_961202.html?code=&state=123，低碳部分公告详见：https://www.ndrc.gov.cn/xxgk/zcfb/gg/201704/t20170401_961177.html。

② 前两批公告详见 http://www.most.gov.cn/xxgk/xinxifenlei/fdzdgknr/qtwj/qtwj2014/201403/t20140320_112354.html（第一批）、http://www.most.gov.cn/xxgk/xinxifenlei/fdzdgknr/qtwj/qtwj2016/201701/t20170113_130473.html（第二批），第三批尚未公示。作者研究团队在技术清单的编制过程中提供了相应技术支撑。

广的成本不断攀升。在此背景下，对于过去“粗放式”应用节能减排措施的模式，已难以挖掘新的潜力空间，有必要将各类节能减排措施统筹分析和比对，进一步识别工业部门下一阶段节能减排的重点路径，实现工业节能减排精准化管理。

专栏 1-1 行业节能减排先进适用技术

2009～2012 年，工业和信息化部节能与综合利用司组织行业协会、科研院所等开展了先进钢铁、石化、有色、建材等 11 个行业节能减排技术的收集、筛选，最终从 2000 余项备选技术中筛选 669 项技术，编制了各行业的节能减排先进适用技术目录和指南（表专 1-1）。上述技术目录对于指导企业应用先进技术、促进节能减排有重要意义。

本书作者团队参与了上述行业节能减排先进适用技术目录及指南的编制工作，相关成果已以专著形式出版，详见《行业节能减排先进适用技术评价方法及应用》（温宗国等著，科学出版社）。

表专 1-1 行业节能减排先进适用技术汇总

行业	备选技术数量	最终发布技术数量
钢铁	122	47
石化	301	110
有色	660	116
汽车	116	50
轻工	110	46
纺织	166	60
电子	197	45
建材	115	58
装备	86	63
船舶	130	30
医药	50	44
合计	2053	669

节能减排管理目标增多，目标间协同效应及冲突关系复杂。为应对严峻的工业节能减排形势，我国相关的约束性指标日渐增多，显著增加了管理难度。以中国工业部门节能减排“十三五”规划为例（专栏 1-2），规划对 7 类十余项与节能减排相关的指标提出了目标要求。除该规划外，其他标准、指南等政策文件均涉及节能减排管理目标约束。日益增加的目标数量，不仅要求节能减排管理过程中

专栏 1-2　中国工业部门节能减排“十三五”规划目标

2016 年 7 月，工信部发布了《工业绿色发展规划（2016—2020 年）》，其中制定了中国工业部门节能减排的“十三五”规划目标，涉及节能、节水、资源节约、碳减排、污染物减排和固体废弃物减排等多个维度的总量及强度控制要求（表专 1-2）。

表专 1-2　《工业绿色发展规划（2016—2020 年）》的部分节能减排目标

指标	2016 年	2020 年	累计降速
（1）规模以上企业单位工业增加值能耗下降（%）	—	—	18
吨钢综合能耗（kgce）	572	560	
水泥熟料综合能耗（kgce/t）	112	105	
电解铝液交流电耗（kW·h/t）	13350	13200	
炼油综合能耗（kgoe/t）	65	63	
乙烯综合能耗（kgce/t）	816	790	
合成氨综合能耗（kgce/t）	1331	1300	
纸及纸板综合能耗（kgce/t）	530	480	
（2）单位工业增加值二氧化碳排放下降（%）	—	—	22
（3）单位工业增加值用水量下降（%）	—	—	23
（4）重点行业主要污染物排放强度下降（%）	—	—	20
（5）工业固体废物综合利用率（%）	65	73	
尾矿（%）	22	25	
煤矸石（%）	68	71	
工业副产石膏（%）	47	60	
钢铁冶炼渣（%）	79	95	
赤泥（%）	4	10	
（6）主要再生资源回收利用量（亿 t）	2.2	3.5	
再生有色金属（万 t）	1235	1800	
废钢铁（万 t）	8330	15000	
废弃电器电子产品（亿台）	4	6.9	
废塑料（国内）（万 t）	1800	2300	
废旧轮胎（万 t）	550	850	
（7）绿色低碳能源占工业能源消费量比例（%）	12	15	

考虑目标本身的实现，还应考虑目标间复杂的协同效应及冲突关系。例如，现有研究表明，各项环境管理目标之间以及环境管理目标与经济成本目标之间都存在复杂的协同效应或冲突关系：一些生产工艺技术在削减某些污染物排放的同时，会增加另外一些污染物的排放（如在水泥生产中，新型干法水泥窑生产工艺相对于立窑生产工艺，削减了 SO_2、颗粒物的排放，但增加了 NO_x 的排放）；一些技术在削减污染物排放的同时，会增加能源消耗（如电除尘技术削减了颗粒物的排放，但增加了工业部门的电耗和碳排放）；也有一些工艺技术虽然对节能和多种污染物减排都有较好的效果，但所需投资成本很高，会极大地增加企业的节能减排成本负担。因此，在工业节能减排管理过程中，应综合评估节能减排措施对多个管理目标同时产生的影响，寻求以最低成本实现节能减排综合管理目标的最优方案，需要开展深入的系统化决策。

工业系统预测受多重波动因素影响，节能减排管理不确定性较强。工业节能减排管理，尤其是能耗、污染物排放目标的制定与路径设定均需依靠对工业系统的预测，如工业生产规模、产业结构及技术推广情况等。工业系统的趋势预测一般依靠外生变量或内生模型模拟等方式来开展，然而工业系统作为一个多流程、多物质能量代谢流动的复杂系统，系统的运行受到宏观经济、政策趋势、产业转型多方面不确定性因素影响，使得理论预测模型与实际工业系统运行状况也必然存在一定偏差。上述因素将导致预测结果与实际情况具有较大差异，从而增加工业节能减排的管理难度。若忽略不确定性因素的影响，基于理论预测制定的节能减排目标与路径的可行性和实施效果将大幅削弱。因此，工业节能减排管理需要充分考虑工业系统的不确定性以作出更优决策。

综上所述，面对当前工业节能减排管理面临的复杂形势和方法学上存在的瓶颈，应当采取多路径统筹的精准化管理和多目标协同的系统化决策方法学，充分考虑工业系统预测的不确定性，方能实现科学的工业节能减排管理，服务于可持续的工业生产及生态环境质量改善。

1.2　工业节能减排管理的关键问题

2020 年 9 月 22 日，习近平总书记在第 75 届联合国大会一般性辩论上的讲话中宣布，中国二氧化碳排放力争于 2030 年前达到峰值，努力争取 2060 年前实现碳中和。该目标对未来较长一段时间内的工业节能减排管理工作提出了新的要求和任务。面对我国工业节能减排的巨大挑战，虽然目前已采取了一系列管理手段并取得了突出成效，但是仍有部分关键问题未得到有效解决：

（1）如何识别工业节能减排的重要措施及关键工序，实现精准化管理？

目前关键节能减排措施均已得到有效应用，但在实际管理过程中常常仅考虑单一措施本身的因素，如投资成本、推广难度和技术成熟度等，这与工业节能减排管理中多项路径措施集成应用的现状不符。在节能减排措施应用趋于成熟、潜力日渐收窄的形势下，有必要对完整的工业体系进行分解整合，分析和比对各项措施的节能减排潜力、经济成本等特征，从而精准地识别下一阶段最有效的节能减排路径。同时，工业系统通常由诸多工序组成，各个工序节能减排管理的措施也有所差异。因此，精准化管理模式可支撑行业最佳可行的节能减排路线图，为制定行业节能减排目标及规划路径提供支撑。

（2）如何统筹工业节能减排的各项管理目标，促进系统化决策？

各项工业节能减排措施的应用同时对能源、环境、经济等目标产生影响，从而导致目标的实现存在较强的协同效应和冲突关系。然而，在过去的节能减排管理中，往往将上述目标割裂开来，主要关注目标本身而忽略目标间的关联，从而导致管理目标间的隐性转移，造成"顾此失彼"的现象。因此，需要以系统化视角推动工业节能减排的管理，同时考虑能源、环境、经济等多维目标的优化。系统化决策在工业节能减排管理的各个层面中也有不同体现：在技术层面，系统化决策需要综合评估技术的节能、减排、经济、成熟度等多元因素，采用多属性决策方法选择重点推广的技术；在企业层面，系统化决策需要将企业生产过程视作一个有多重能源和物质代谢的系统，综合企业物质的投入产出关系评估综合的环境绩效，从而提出节能减排的改进措施；在行业层面，系统化决策需要将工业系统在多目标约束条件下开展协同控制，提出最优的节能减排路径。

（3）如何在不确定条件下开展节能减排，降低管理上的不达标风险？

工业作为一个不确定性的复杂系统，在行业规模、生产结构、技术普及等多个方面均具有显著的不确定性。这些不确定性会造成理论预测和实际结果的显著偏差，对行业节能减排目标及路线图设定均带来了较大难度。然而，传统工业节能减排管理对不确定性情况的考虑较少，在规划等相关政策文本中仍多以确定性方法开展工业系统预测，带来了实际管理有效性降低的风险。因此，有必要充分识别工业系统的不确定性，模拟关键工业系统参数波动下的大样本情景，从而增加节能减排管理目标与路线图的可靠度。同时，也应识别对工业系统不确定性有关键影响的敏感参数，提出这些关键参数的控制方案，从而降低不确定性风险。

1.3　本书主要内容

本书针对工业节能减排管理领域亟待解决的三类关键问题，基于自底向上建模、高维多目标优化、大样本采样等方法，探索工业节能减排的精准化管理与系统化决策模式，并在单行业、跨行业、企业、技术等多个层面开展应用实践。本书内容以精准化管理、系统化决策、不确定性分析和综合管理应用（图 1-2）为重点，开发了一系列模型方法和应用案例，可对工业节能减排管理目标的设定及实施路径的设计提供有效支撑。

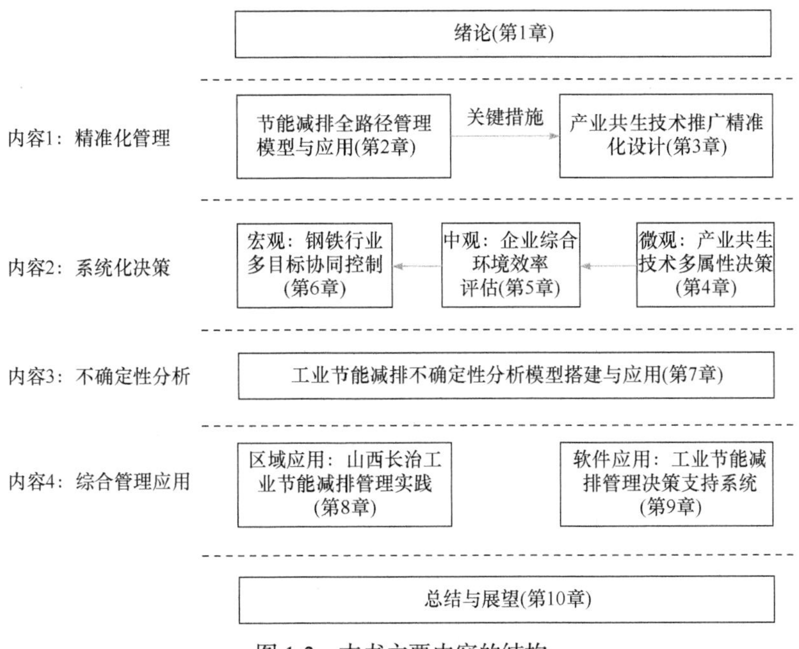

图 1-2　本书主要内容的结构

本书第 2 章、第 3 章分别以中国钢铁行业、跨行业耦合共生系统为例，重点介绍工业节能减排的精准化管理方法。其中，第 2 章以自底向上建模为基础，建立了节能减排全路径管理模型。该模型集成了行业规模控制、结构调整、技术推广等三类共六项节能减排措施。为准确量化各项措施的效益，本书提出了完整的节能减排潜力核算方法和计算公式，以表征各项措施的节能、污染物减排的潜力及经济效益。根据全路径节能减排措施的系统集成，评估了中国钢铁行业节能减排的潜力及目标的实现情况，提出支撑实现钢铁行业节能减排目标的全路径，并识别具有关键潜力的措施和工序，从而提出了精准化管理建议。钢铁行业节能减排潜力和路径分析的结果表明，以钢铁为核心的产业共生技术有力地拓宽行业的节能减排潜力，与钢铁行业采取内部节能减排措施的潜力几乎相当。与此同时，产业共生技术涉及物质、能量在多个行业间的交互，其具体推广路径与其他行业内部措施相比有所差异。因此，本书第 3 章基于产业共生系统的物质代谢原理，依照“源行业-废弃物/副产品-介质-利用方式-共生技术-共生产品-汇行业”的代谢全过程模拟思想，集成 75 项跨产业的共生技术，首次开发构建了钢铁-电力-水泥跨行业耦合共生系统模型。在考虑技术与源行业、汇行业、副产品等多重匹配关系的基础上，依据共生利用技术涉及的副产品介质形态和利用方式等特征，完成了共生技术节能减排效果的数值化表征，开发了产业共生系统节能减排潜力的核算方法，提出关键产业共生节点和主要技术路径，为产业共生系统的精准化节能减排管理提供有效支撑。

本书第 4～6 章分别针对微观的技术层面、中观的企业层面和宏观的行业层面展开研究。其中，第 4 章承接第 3 章产业共生技术的节能减排效果，重点关注消纳钢铁行业副产品的共生技术，考虑了共生技术的节能效果、减排效果、副产品消纳比例、成熟度、投资成本和经济效益等 6 项环境与经济属性，采用基于熵权 TOPSIS 的方法完成多属性综合决策。该研究基于微观工程技术的多维度信息，系统考虑各项技术属性，提出了在不同管理决策偏好下的技术政策建议。

第 5 章聚焦中观的企业层面，以 54 家代表性钢铁企业为例，采用一系列数据包络分析方法（BCC 模型、SBM 模型、Bootstrap-DEA 方法），针对各个工艺过程的物质、能量代谢特点，分别构建了投入、期望产出与非期望产出的工艺评价系统，比对典型企业工艺过程的综合环境绩效。同时，利用 Bootstrap 回归分析方法识别造成企业工艺过程环境绩效差异的影响因素，如地理位置、企业规模等。本研究可对企业工艺过程进行系统化评估，识别环境绩效较低的工艺过程，从而提出企业节能减排管理的改进方向。

第 6 章考虑了中国钢铁行业节能减排的规划问题，打破了传统规划中仅能统筹单一或者 2～3 维管理目标的限制，创新性地建立了涵盖能耗最低、五类污染物（二氧化硫、氮氧化物、烟粉尘、COD、氨氮）排放量最低和成本最小——共 7 维的高维多目标优化模型，并采用第三代快速非支配遗传算法（3rd edition of non-dominated sorting genetic algorithm，NSGA-Ⅲ）进行求解，获得一系列节能减排措施的最优解集。在此基础上，本研究采用模糊 C 均值聚类算法，得到了三类管理偏好（节能偏好、减排偏好、成本控制偏好）下最终节能减排路径的规划方案。本研究统筹了节能减排等高维管理目标的协同效应及冲突关系，全面评估了中国钢铁行业各项节能减排措施对工业系统多个管理目标的综合影响，从而对行业节能减排规划提出系统性的决策建议。

本书第 7 章针对工业节能减排管理中的多重不确定性因素，综合考虑行业规模、关键原料-产品结构和技术普及率等主要的不确定因素，利用拉丁超立方采样方法对各项不确定参数进行十万次的大样本采样，根据不确定结果的概率分布研究制定科学合理的节能目标，系统开发了工业节能减排的不确定性分析模型。同时，为识别影响节能目标实现的关键参数，采用区域敏感度分析方法，识别了关键参数的敏感度，并提出规避节能不达标风险下各个参数的取值范围。本书应用上述模型方法，以钢铁行业为例探索了在不确定性条件下合理制定“十四五”期间节能规划目标与关键路径，可以有效避免未来管理不达标的风险。

本书在解决上述工业节能减排管理关键问题的基础上，通过系统性整合开发了区域节能减排模型方法和专业性的应用软件平台。第 8 章针对山西省长治市大气污染物减排精细化管理和系统化决策的实际需求，一是设计了污染排放综合指标，评估了长治市钢铁、水泥、焦化和热电共 54 家企业的大气污染物排放水平，并与清洁生产标准对比，识别了区域内 24 家需重点管控的企业。二是采用自底向上方法，对比这 24 家企业在能源结构、主体工艺设备和末端治理技术方面与先进水平的差距，识别大气污染物减排的有效方案并测算相应减排潜力，对重点管控企业设计了合理的节能减排路线图，从而为长治市大气污染减排的有效管理提供了理论支撑及方法学依据。

本书第 9 章介绍了作者团队开发的工业节能减排管理决策支持系统，集成了前 8 章中提供的节能减排管理理论、模型及方法学，形成了一套相关研究机构易于使用的专业化应用软件平台。研究团队在该平台集成了工业节能减排管理的行业基础数据、系统模型及核心算法，并致力于持续更新基础数据和升级多种算法。首先，在内置的工业节能减排数据库的基础上，依托自底向上方法开发了模板化、标准化的工业系统架构，用户可快速以该内置数据库为基础，按照“原料-工艺-技术-产品”的全过程完成工业系统的自主建模。其次，本系统集成了 NSGA-Ⅲ、不确定性分析等算法的运算代码，设计了标准化计算流程供用户填写算法信息，从而辅助研究者完成自动运算和结果输出。

第 2 章　工业节能减排精准化管理模型

针对工业节能减排精准化管理的难题，本章考虑工业规模控制、结构升级、技术推广等常见的三类六项节能减排措施，基于自底向上建模方法建立了工业节能减排全路径的潜力评估模型，针对中国钢铁行业节能减排面临的新形势和各项关键措施的应用情景，系统测算了钢铁行业节能减排的综合潜力，提出实现节能减排管理目标的关键路径和政策建议。

2.1　工业节能减排精准化管理研究概述

工业节能减排精准化管理的内涵一般可分为两个部分。第一，要求采取最有效率的措施。如第 1 章所述，行业节能减排有多种主要措施，包括行业规模控制、工业结构调整[1]和先进适用技术推广[2]等。这些管理措施在不同行业的应用效果有显著差异：一方面，行业发展水平不同使得各项措施的应用现状面临的“短板”不同；另一方面，关键措施通常应用于特定工序中，这些工序的能耗、污染物排放特点不同，也导致措施的应用效果不同。因此，有必要定量化评估和识别各项关键措施的节能减排效果，从而寻求适合行业的最优节能减排路径，对工业节能减排精准化管理十分必要。第二，节能减排精准化管理需要关注行业中具有显著潜力的工序。很多高能耗、高污染行业如钢铁[3]、水泥[4]和造纸[5]均为流程性行业，其生产过程由一系列工序组成。节能减排管理实质上就是对这些行业的各个工序开展管理，而各工序的物质代谢过程不同，能效和污染物排放水平差异很大，同样会影响节能减排的潜力空间。因此，识别有显著节能减排空间的工序是精准化管理的重要组成部分。例如，2019 年中国钢铁行业综合能耗约为 550kgce/t 粗钢，其中炼铁工序的能耗就达到了约 390kgce/t 铁的水平，占全行业能耗的 70%左右，因而长期成为行业节能的重点工序。

目前，已有很多研究致力于量化不同类型工业节能减排措施的效益或潜力。在行业规模控制方面，2017 年 Sun 等[6]探究了工业产品产量的规划对区域空气质量改善的影响。在工业结构调整方面，一些研究[7, 8]认为结构调整对中国钢铁行业的节能减排起到了重要的作用。此外，更多研究关注技术推广的节能减排效益，包括钢铁[9]、电力[10, 11]、油气[12]、雪茄[13]和有色金属[14]等行业。部分研究应用了规划模型如 TIMES（综合 MARKAL-EFOM 系统模型）[15]、亚太综合模型

（Asian-Pacific integrated model）[16, 17]和第二代非支配排序遗传算法（non-dominated sorting genetic algorithm-Ⅱ，NSGA-Ⅱ）[18, 19]等方法，规划或优化先进节能减排技术的推广应用潜力。与此同时，有研究使用数据包络分析方法衡量能源系统[20]、化工[21]、有色金属[22]等行业能源或环境效率，或采用自底向上模型[23, 24]、节能供应曲线[1, 25]和生命周期评价等方法模拟行业生产流程，计算行业未来的节能减排潜力。然而，上述大部分研究都关注行业整体的节能减排潜力，并未实现将潜力分解至各工序。

这些研究更多关注单项节能减排措施，缺乏集成行业整体管理目标进行整合分析，难以通过简单对比来选择效益最优的节能减排措施，更是无法直接叠加各项措施的效益支撑行业节能减排管理目标的制定。当前，工业节能减排措施主要包括行业规模调整、原料产品结构升级、主体工艺结构升级、节点节能技术推广、末端治理技术推广与共生技术推广等，本章重点开发各项措施节能减排量的核算方法，细化各工序应用相关措施下可实现的节能减排潜力，构建精准化的综合评估模型。

2.2　工业节能减排精准化管理模型结构

行业节能减排精准化管理模型由三个模块组成：①行业系统模拟模块，按照“原料-工艺-技术-产品”的链条，自底向上模拟行业生产过程中的物质和能量代谢过程；②行业节能减排措施模块，整合三类六项行业节能减排管理措施及作用机制；③定量化核算模块，建立核算方法计算各项措施应用后可以实现的节能减排效益。

2.2.1　行业系统模拟

行业系统模拟模块主要是搭建工业“原料-工艺-技术-产品”系统，依据真实物质、能量代谢过程开展自底向上模拟。在搭建行业系统时，需首先以原料作为起点，依据生产流程依次解析其关键工序，每个工序涵盖若干处于相同位置并具有相似功能的工艺，经过多项工序的递进最终得到行业产品，依此可以确定原料-工艺-产品的匹配关系。在此基础上，将主体生产工艺与附着在工序上的适用技术匹配（图 2-1），形成完整的原料-工艺-技术-产品的行业系统。行业系统搭建的具体流程可参阅本课题组的著作《工业节能减排管理：潜力评估模型、技术路径分析及绿色工厂设计》[26]。

2.2.2　行业节能减排措施

行业节能减排措施的作用，是优化其物质、能量代谢流动关系，减少生产过程中的能耗和污染物排放。因此，构建自底向上的行业节能减排模型，需准确识别各项节能减排管理措施的应用机制，并耦合其发生作用的关键节点。本模型考虑三类六项措施，各项措施作用节点的概念模型如图 2-1 所示。其中，行业规模调整作用于行业产品生产端；原料-产品结构升级与主体工艺结构升级重点关注生产流程，分别作用于原料投入及工艺环节；技术推广应用措施与行业生产的能耗和污染物直接相关，与能源投入、污染物以及废弃物/副产品分别耦合。

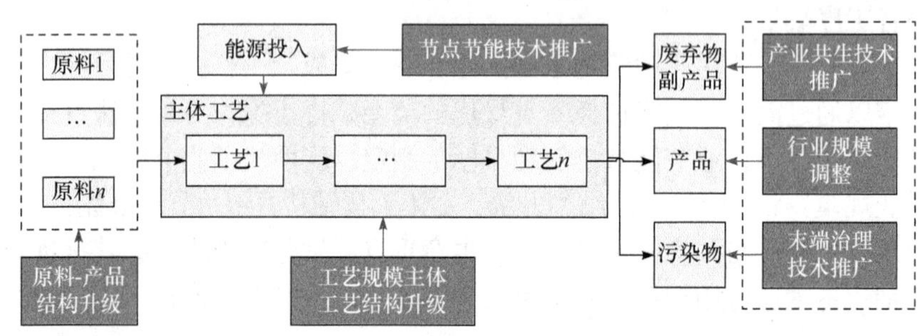

图 2-1　工业节能减排措施及作用节点

1. 行业规模调整

行业规模调整是指通过限制产品产能及产量等方式，减少行业产品生产，从而控制行业规模。该措施具有多重形式，如淘汰落后产能、错峰生产、严禁新增项目、产能等量或减量置换等。在实施行业规模调整措施时，不仅需考虑行业的高能耗、高污染属性，也应与国民经济社会发展水平相匹配，充分考虑行业产品的消费及贸易需求，从而合理制定规模调整目标。因而，该措施一般适用于产能过剩、产量过高的行业（专栏 2-1）。

专栏 2-1　中国行业规模控制措施的应用

中国工业部门自 20 世纪 90 年代起迅速崛起，主要工业产品项目快速扩张，钢铁、水泥产品产量均占全球一半以上。产能的急速上升脱离了社会经济发展的实际需求，造成了较严重的产能过剩问题，不仅造成了严重的能耗、污染物排放，也导致产品滞销、货物积压、企业效益下降的现象，对行业的健康稳定发展不利。为应对产能过剩问题，国务院于 2013 年发布《国务院关于化解产能严重过剩矛盾的指导意见》，提出了坚决遏制产能盲目扩张、清理整顿建成违规产能、淘汰和退出落后产能等多项任务。而进入“十三五”，一系列重点行业均采取有效手段控制行业规模，取得了较好效果：

钢铁：2016～2018 年压减产能 1.5 亿 t 以上，1.4 亿 t “地条钢”全面出清；

建材：水泥熟料产能退出约 3000 万 t；
石化：炼油退出 1.4 亿 t；
化工：尿素退出 1622 万 t；电石退出 699 万 t；烧碱退出 211 万 t；聚氯乙烯退出 214 万 t。

2. 原料-产品结构升级

原料-产品结构升级是指通过工艺革新、发展高质量产品等方式，优化原有的原料-产品物质代谢关系，从而促进工业节能减排。原料-产品结构升级可分为两方面：一是原料结构升级，通过工艺革新，拓展产品生产的原料种类或配比，从而减少原料在生产、运输、加工过程中的能耗和污染物排放。例如，中国钢铁行业目前在大力发展短流程炼钢，即以废旧钢铁替代传统的铁矿石作为原料生产粗钢，从而减少了烧结、炼焦、炼铁等工序的能耗和污染物排放。二是产品结构升级，即发展新材料、特种材料等高质量产品。例如，“十三五”期间中国建材行业一批高附加值产品、新材料制造稳步推进，低辐射玻璃原片、电子玻璃原片、太阳能玻璃原片产量均有了不同程度的增长；化工行业的高性能树脂、特种橡胶自给率分别由 2015 年的 63%、53%提高到 69%、64%，化工新材料产业规模达到了 2800 亿元。

3. 主体工艺结构升级

主体工艺结构升级是指采用更先进、更环境友好的生产工艺替代传统工艺，减少单位产品的能耗和污染物排放强度，从而实现工业节能减排。该措施常见手段为利用先进大型生产设备替代现有的中小型设备，基于规模效应实现各个工艺环节的节能减排。为促进主体工艺结构升级，中国政府部门一方面定期发布和修订《产业结构调整指导目录》，对典型行业的主体工艺设备予以鼓励、限制和淘汰；另一方面发布多项先进节能、节水、环保设备清单，指导企业采用先进适用的生产设备。

4. 节点节能技术推广

节点节能技术应用于某一工艺设备上，通过提升能源利用率或减少能源损耗达到节能效果。依据能源种类划分，节点节能技术又可分为节电技术、节煤技术、节油技术等。由于减少了能源的使用，节点节能技术一般具有协同减排效益：对于节电技术，由于电力生产的污染排放一般来自生产端，可以实现发电部门的协同减排效益；对于其他燃料，协同效益主要体现在燃料的燃烧端。为促进节点节能技术的推广应用，发改委、工信部、科技部、交通运输部等部委发布了一系列先进节能技术目录，以促进节点节能技术的推广应用（表 2-1）。

表 2-1　中国政府发布的重点节能技术目录

发布时间	部委	目录名称	技术数量
2008～2014 年	发改委	国家重点节能技术推广目录（七批）	237
2012 年	工信部	钢铁、水泥、石化等 11 行业节能减排先进适用技术目录	669
2014～2018 年	发改委	国家重点节能低碳技术推广目录	287
2014 年，2016 年	科技部	节能减排与低碳技术成果转化推广清单（二批）	65
2019 年，2021 年	交通运输部	交通运输行业重点节能低碳技术推广目录	69

5. 末端治理技术推广

末端治理技术推广是指应用于行业生产的“末端”，在污染物排放前予以治理，避免产生的污染物直接排入环境主体中。当前，随着工业污染物减排管理的要求不断趋严，绝大部分生产企业都普遍采用末端治理技术。末端治理技术推广措施主要关注技术的更新和改进，即使用先进的、污染物去除效率高的技术替代原有落后的、效率低的技术。为促进企业使用更先进的末端治理技术，生态环境部发布了多个行业的污染防治可行技术指南。

6. 产业共生技术推广

产业共生技术推广主要关注企业生产过程中的废弃物/副产品的资源化利用，通常需要与其他行业联合处理处置。工业部门在制造产品的过程中会生产一些可循环利用的废弃物及副产品。例如，长流程炼钢会产生大量的副产煤气、余热和废渣；火力发电行业产生粉煤灰、脱硫石膏等。这些废弃物/副产品若不能得到充分利用，不仅造成较大的资源浪费，还会对环境造成污染。产业共生技术即促进企业废弃物/副产品在其他企业中实现共生应用。与节点节能、末端治理技术有所差异的是，产业共生技术推广的效益不仅在于废弃物/副产品产生的源行业，对消纳废弃物/副产品的汇行业往往也具有节能减排作用。

2.2.3　节能减排效益核算

针对前述三类六项关键的节能减排措施，为准确评估各项措施应用的节能减排效益，需设计相应核算方法。基于行业系统建模与各项措施应用机制的解析，本书识别了各项措施对物质、能量投入产出的影响途径，从而针对各项措施建立了节能减排效益的核算公式。

1. 行业规模调整

该措施通过减小生产规模，控制产品产量，直接减少行业的总能耗及污染物排放。节能减排潜力核算方法如式（2-1）和式（2-2）所示：

$$\mathrm{TEC}_{1,t+\Delta t} = \Delta P_{t,t+\Delta t} \times \mathrm{EI}_t \tag{2-1}$$

$$\mathrm{TER}_{1,p,t+\Delta t} = \Delta P_{t,t+\Delta t} \times \mathrm{EF}_{p,t} \tag{2-2}$$

式中，TEC 为总节能量；1 为措施编号；ΔP 为产量的减少量；EI 为能源强度；TER 为总减排量；p 为污染物种类；EF 为排放系数；t 为基准年；$t+\Delta t$ 为目标年。

2. 原料-产品结构升级

该措施通过改变生产产品的原料投入，提高原料利用效率，进而间接减少加工上述原料过程中的能源消耗及污染物排放，核算方法如式（2-3）和式（2-4）所示：

$$\mathrm{TEC}_{2,t+\Delta t} = \sum_a P_{t+\Delta t} \times \Delta \mathrm{SR}_a \times \mathrm{EI}_{a,t} \tag{2-3}$$

$$\mathrm{TER}_{2,p,t+\Delta t} = \sum_a P_{p,t+\Delta t} \times \Delta \mathrm{SR}_a \times \mathrm{EF}_{a,p,t} \tag{2-4}$$

式中，a 为工序；SR 为原料产品结构参数，即钢比系数。

3. 主体工艺结构升级

该措施通过提升能源、环境效益高的主体工艺设备的应用比例，提升生产过程中的能源及环境效率，从而降低能耗及污染物排放强度，核算方法如式（2-5）和式（2-6）所示：

$$\mathrm{TEC}_{3,t+\Delta t} = \sum_s \sum_a P_{t+\Delta t} \times \mathrm{SR}_{a,t+\Delta t} \times \Delta \mathrm{PR}_{s,a} \times \mathrm{EI}_{s,a,t} \tag{2-5}$$

$$\mathrm{TER}_{3,p,t+\Delta t} = \sum_s \sum_a P_{p,t+\Delta t} \times \mathrm{SR}_{a,p,t+\Delta t} \times \Delta \mathrm{PR}_{s,a,p} \times \mathrm{EF}_{s,a,p,t} \tag{2-6}$$

式中，s 为各项主体工艺设备；PR 为设备的普及率。

4. 节点节能技术推广

节点节能技术通过优化主体工艺设备的生产过程实现节能，并协同实现因能源使用导致的污染物排放。核算时需综合考虑技术的单位节能、减排效益与技术的普及率，方法如式（2-7）和式（2-8）所示：

$$\mathrm{TEC}_{4,t+\Delta t} = \sum_i P_{t+\Delta t} \times \Delta \mathrm{PR}_i \times \mathrm{ES}_i \tag{2-7}$$

$$\mathrm{TER}_{4,p,t+\Delta t} = \sum_{i} P_{p,t+\Delta t} \times \Delta\mathrm{PR}_{i} \times \mathrm{ES}_{i} \times (1 - \mathrm{PA}_{a,p,t}) \tag{2-8}$$

式中，i 为各项节点节能技术；ES 为节点节能技术的节能效果；PA 为污染物削减效率。

5. 末端治理技术推广

末端治理技术通过处理生产设备排放的污染物，减少产生的污染物排放至大气的比例，同时治理技术在应用过程中也会产生能源消耗，核算方法如式（2-9）和式（2-10）所示：

$$\mathrm{TEC}_{5,t+\Delta t} = -\sum_{\mathrm{eop}} P_{t+\Delta t} \times \Delta\mathrm{PR}_{\mathrm{eop}} \times \mathrm{EC}_{\mathrm{eop}} \tag{2-9}$$

$$\mathrm{TER}_{5,p,t+\Delta t} = \sum_{a} P_{p,t+\Delta t} \times \Delta\mathrm{SR}_{a} \times \mathrm{EF}_{a} \times [1 - \sum_{\mathrm{eop}\text{-}a} (\Delta\mathrm{PR}_{p,\mathrm{eop}\text{-}a} \times \mathrm{PA}_{p,\mathrm{eop}\text{-}a})] \tag{2-10}$$

式中，eop 为末端治理技术；EC 为技术的能耗。

6. 产业共生技术推广

产业共生技术推广措施的核算相对复杂。对于每项技术，需设定不使用共生模式生产相同产品的工艺作为参考情景，并依据能源化利用、资源化利用等共生路径，基于技术与参考情景的能耗、污染物排放的差异，核算不同路径下的节能减排效益。核算方法如式（2-11）和式（2-12）所示：

$$\mathrm{TEC}_{6,t+\Delta t} = \sum_{\mathrm{st}} (\sum_{k} (\mathrm{EC}_{\mathrm{st\text{-}ref},k} - \mathrm{EC}_{\mathrm{st},k}) \times \mathrm{ECon}_{k}) \times \mathrm{PR}_{\mathrm{st},t+\Delta t} \tag{2-11}$$

$$\mathrm{TER}_{6,p,t+\Delta t} = \sum_{\mathrm{st}} (\sum_{k} (\mathrm{EF}_{\mathrm{st\text{-}ref},p,k} - \mathrm{EF}_{\mathrm{st},p,k}) \times \mathrm{ECoe}_{p,k}) \times \mathrm{PR}_{\mathrm{st},t+\Delta t} \tag{2-12}$$

式中，st 为共生技术；st-ref 为共生技术对应的参考情景；k 为不同的能源种类；ECon 为能源折标煤系数；ECoe 为能源污染物排放系数。

2.3 钢铁行业节能减排预测

2.3.1 钢铁行业发展现状

中国钢铁行业在近十年中快速发展，主要产品产量稳定上升。其中，生铁产量从 2010 年的 5.97 亿 t 提高至 2019 年的 8.09 亿 t，年均上升幅度 3.43%；粗钢产量从 2010 年的 6.37 亿 t 提高至 2019 年的 9.96 亿 t，年均上升幅度 5.09%；钢材制品产量从 2010 年的 8.02 亿 t 提高至 2019 年的 12.06 亿 t，年均上升幅度 4.64%

（图 2-2）。钢铁产品的快速上升主要源于我国在 2010～2019 年经济快速发展，基础设施建设与工业产品制造拉动了钢材需求。依据中国钢铁工业协会的统计，我国的粗钢需求从 2010 年的 6.04 亿 t 上升至 2019 年的 9.24 亿 t。钢铁产品的制造为我国经济、社会发展提供强有力的保障。

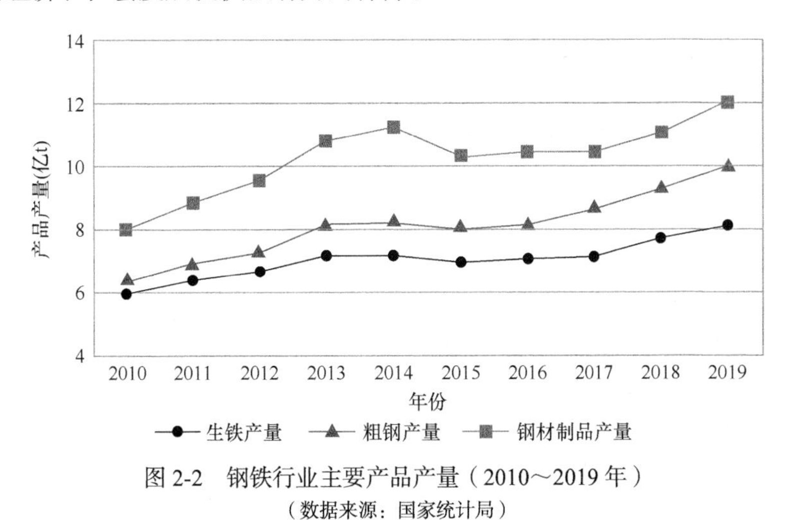

图 2-2　钢铁行业主要产品产量（2010～2019 年）
（数据来源：国家统计局）

钢铁行业的快速扩张引发了较严重的能源和环境压力，中国相关部门密集出台政策推动钢铁行业节能减排的精准化管理（表 2-2）。

表 2-2　钢铁行业节能减排精准化管理的相关政策

节能减排措施	政策文件
行业规模调整	国务院（2013），《国务院关于化解产能严重过剩矛盾的指导意见》
原料-产品结构升级	工信部（2016），《钢铁工业调整升级规划（2016—2020 年）》
主体工艺结构升级	发改委（2019），《产业结构调整指导目录（2019 年本）》
节点节能技术推广	工信部（2012），《钢铁行业节能减排先进适用技术目录》 发改委（2018），《国家重点节能低碳技术推广目录（2017 年本，节能部分）》 工信部（2020），《国家工业节能技术装备推荐目录（2020 年）》
末端治理技术推广	环境保护部（2010），《钢铁行业焦化工艺污染防治最佳可行技术指南（试行）》 环境保护部（2010），《钢铁行业炼钢工艺污染防治最佳可行技术指南（试行）》 环境保护部（2010），《钢铁行业轧钢工艺污染防治最佳可行技术指南（试行）》
产业共生技术推广	工信部（2013），《工业固体废物综合利用先进适用技术目录（第一批）》

2.3.2　钢铁行业节能减排措施情景设定

基于钢铁行业“十三五”期间发布的一系列政策，可以对节能减排精准化管理的各项措施设定发展情景。本书研究成果以 2015 年为基准年，完成于 2018 年，目标年为 2020 年。

在行业规模调整方面，主要需预测粗钢产量。2015 年粗钢产量为 8.04 亿 t，《钢铁工业调整升级规划（2016—2020 年）》中预计，“十三五”期间我国钢铁生产消费将步入峰值弧顶下行期，2020 年国内粗钢产量下降至 7.5 亿～8 亿 t。本研究钢铁行业 2020 年产量取规划范围的中位值 7.75 亿 t。

在原料-产品结构升级方面，主要需考虑流程结构系数与工艺结构系数的设定。流程结构系数指钢铁的长-短流程比例，即传统的高炉-转炉流程与电炉钢流程生产粗钢的比例；工艺结构系数为钢比系数，指代为生产 1t 粗钢需消耗的工艺产品数值，涉及焦钢比、烧钢比、球钢比、铁钢比、材钢比几类。为准确预测结构系数，从世界钢铁协会发布的《世界钢铁统计数据 2016》中获取我国 2015 年的电炉钢流程比例（6.1%）。另外，随着废旧钢铁资源积累，《废钢铁产业“十三五”发展规划》提出电炉钢比例将持续上升，因此预测到 2020 年电炉钢总产量比例将达到 15%以上，结合专家判断设定 2020 年的电炉钢比例为 15%。表 2-3 是对各项工艺结构系数的情景预测。

表 2-3　工艺结构系数情景预测

年份	焦钢比	烧钢比	球钢比	铁钢比	材钢比
2015	0.39	1.30	0.27	0.86	0.97
2020	0.38	1.21	0.27	0.84	0.97

在主体工艺结构升级方面，本研究依据设备规模大小，识别了 26 项常见的主体工艺设备，并依据《产业结构调整指导目录》等政策文件，设定了这些设备在 2020 年的普及率（表 2-4）。

表 2-4　主体工艺结构的情景设置

主体工艺	规模	普及率（2015 年）	普及率（2020 年）
焦化	顶装焦炉炭化室<4.3m	3%	0%
	顶装焦炉炭化室 4.3～6m	13%	10%
	顶装焦炉炭化室>6m	20%	25%
	捣固型焦炉 4.25～5m	20%	10%
	捣固型焦炉 5～5.5m	27%	30%
	捣固型焦炉 5.5～6.25m	17%	25%

续表

主体工艺	规模	普及率（2015 年）	普及率（2020 年）
烧结	烧结机<50m^2	5%	0%
	烧结机 50～180m^2	20%	20%
	烧结机>180m^2	75%	80%
球团	竖炉<8m	10%	0%
	竖炉≥8m	60%	65%
	带式焙烧	10%	5%
	链蓖机-回转窑法	20%	30%
炼铁	高炉 350～1000m^3	40%	30%
	高炉 1000～2500m^3	30%	35%
	高炉 2500～4000m^3	20%	25%
	高炉>4000m^3	10%	10%
转炉炼钢	转炉<50t	10%	0%
	转炉 50～100t	30%	30%
	转炉 100～200t	50%	55%
	转炉>200t	10%	15%
电炉炼钢	电炉<50t	10%	5%
	电炉 50～100t	50%	50%
	电炉>100t	40%	45%

在技术推广方面，本研究参考钢铁行业各类国家部门发布的先进技术目录，共筛选 17 项节点节能技术、17 项末端治理技术和 18 项产业共生技术，并参考目录预期值与专家调研结果，设定了各项技术在 2020 年的普及率（表 2-5）。

表 2-5 技术推广情景设定

技术类型	工艺	技术名称	普及率（2015 年）	普及率（2020 年）
节点节能技术	焦化	高温高压干熄焦技术	15%	35%
		煤调湿技术	10%	20%
	烧结	厚料层烧结技术	90%	95%
		低温烧结	45%	50%
		降低烧结漏风率技术	40%	45%
		小球烧结工艺	60%	65%
	炼铁	旋切式高风温顶燃热风炉节能技术	50%	55%

续表

技术类型	工艺	技术名称	普及率（2015年）	普及率（2020年）
节点节能技术	炼铁	高炉热风炉双预热技术	50%	55%
		高炉鼓风除湿节能技术	20%	25%
	转炉炼钢	炼钢连铸优化调度技术	70%	80%
		高效连铸技术	85%	90%
	电炉炼钢	电炉优化供电技术	20%	50%
		废钢加工预处理技术	70%	80%
	轧钢	中厚板在线热处理技术	45%	50%
		低温轧制技术	10%	20%
		轧钢加热炉蓄热式燃烧技术	80%	85%
	综合	能源管控及优化调度技术	25%	30%
末端治理技术	焦化	低氮燃烧技术	0%	5%
		烟气脱硝选择性催化/非催化还原技术	0%	50%
	烧结	电除尘-四电场除尘	99%	95%
		电袋复合除尘	1%	5%
		烧结脱硫脱硝一体化技术	1%	50%
		石灰-石膏法脱硫	30%	10%
		氨法/硫氨法脱硫	15%	10%
		旋转喷雾干燥法脱硫	20%	10%
		循环流化床脱硫	30%	15%
		烧结烟气循环富集脱硫技术	4%	5%
	高炉炼铁	高炉煤气湿法除尘	20%	10%
		高炉煤气干法除尘	80%	90%
		高炉炼铁出铁场除尘	15%	20%
	转炉炼钢	转炉烟气湿法除尘	15%	0%
		转炉二次除尘	60%	55%
		转炉烟气干法除尘	20%	35%
		转炉烟气半干法除尘	5%	10%
产业共生技术	焦化	焦炉喷吹废塑料技术	0%	2%
		炼焦荒煤气显热回收利用技术	1%	40%

续表

技术类型	工艺	技术名称	普及率（2015 年）	普及率（2020 年）
产业共生技术	烧结	烧结热矿余热发电技术	1%	25%
		烧结废气余热循环利用工艺技术	3%	15%
		烧结机台余热能量回收驱动技术	2%	5%
	球团	球团废热循环利用技术	2%	5%
	炼铁	高炉喷吹废塑料技术	0%	2%
		高炉冲渣水余热发电技术	0%	5%
		高炉炉顶煤气干式余压发电技术	40%	50%
		煤气透平与电动机同轴驱动高炉鼓风机技术	30%	40%
		燃气-蒸汽联合循环发电技术	25%	40%
	炼钢	蓄热式转底炉处理冶金粉尘回收铁锌技术	57%	80%
		转炉饱和蒸汽发电技术	10%	80%
		转炉煤气干法回收技术	20%	50%
		煤气换热器低温烟气余热发电技术	10%	15%
	社会	城市中水利用	1%	5%
		利用余热区域集中供热	10%	15%
		企业外供民用煤气	5%	10%

2.4　钢铁行业节能减排精准化管理实践

依据行业节能减排精准化管理模型及对中国钢铁行业现状、发展情景的设定，可以测算钢铁行业整体节能减排的潜力，识别关键路径并提出节能减排的精准化管理建议。

2.4.1　钢铁行业节能减排潜力

依据模型计算结果可以获得钢铁行业 6 项节能减排途径总计的节能减排潜力（图 2-3）。与 2015 年相比，钢铁行业在 2020 年可实现总节能潜力为 4214.5 万 tce，而能源消耗总量下降 9.2%；可实现二氧化硫（SO_2）、氮氧化物（NO_x）及烟粉尘（PM）的减排量分别 31.10 万 t、30.83 万 t 及 55.86 万 t，相比 2015 年，各项污染物的排放总量分别下降 18.9%、31.8%及 56.3%。

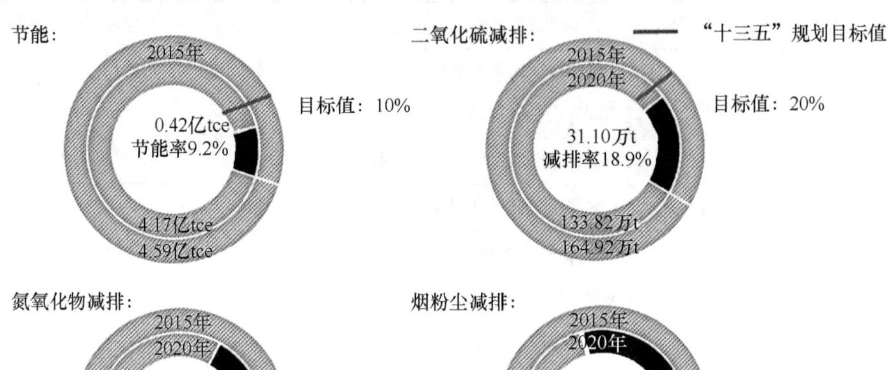

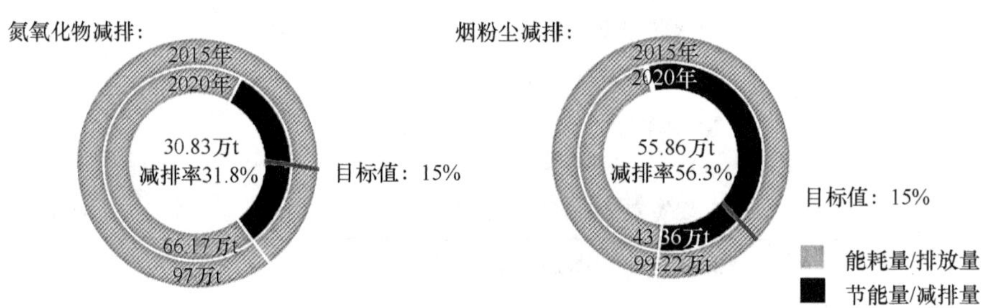

图 2-3 钢铁行业节能减排潜力

对照《钢铁工业调整升级规划（2016—2020 年）》所提目标：2020 年钢铁行业能耗总量相比 2015 年下降 10%，SO_2 排放量下降 20%，NO_x 和 PM 排放量下降 15%。研究发现，节能和 SO_2 减排目标的设置相对较为严格，有一定实施压力。为保证规划目标的实现，应在当前各种节能减排政策措施的基础上，进一步加大政策执行力度。规划所设的 NO_x 和 PM 减排目标过于宽松，难以对钢铁行业产生有效的节能减排约束及激励作用，建议适当收紧目标。

需要说明的是，以上节能减排潜力的计算是基于单位产品能耗/污染物排放与产品产量计算得到的，而"十三五"期间粗钢产量与规划值出现了较大偏差，如 2019 年产量达到了 9.96 亿 t，显著高于规划的 7.5 亿～8 亿 t 范围，导致实际的总能耗及污染物排放值比理论测算要高很多。因此，本书进一步论证了节能减排规划与管理的不确定性和决策偏差的存在。

2.4.2 中国钢铁行业节能减排路径

为准确识别节能和污染物减排目标的关键路径，本研究系统全面地量化了钢铁行业 6 项节能减排措施的贡献比率，如图 2-4 所示。其中，节能的主要途径是行业规模调整和行业间共生技术推广，两项措施贡献整体节能效益的 68%；SO_2 减排的主要路径是原料-产品结构升级和行业间共生技术推广，两项措施贡献了减排量的 62%；NO_x 及 PM 减排则主要通过行业内末端治理技术推广实现，分别实现了总减排量的 59%和 68%。

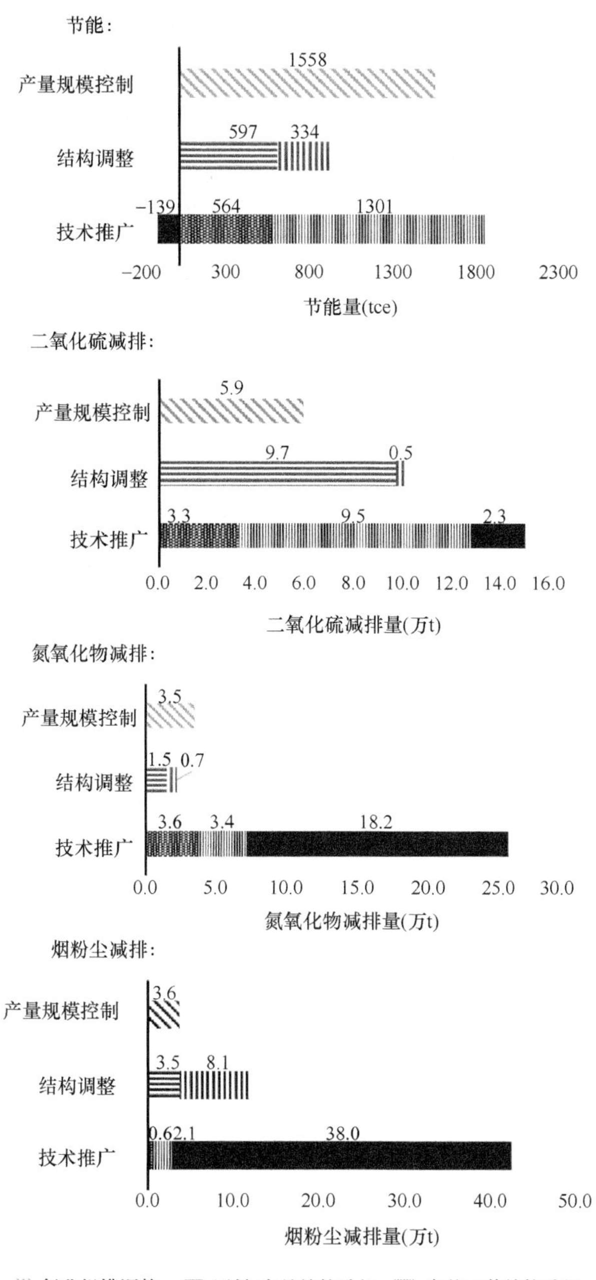

图 2-4　钢铁行业各节能减排路径实现的效益

从措施类别来看，技术推广应用均是促进上述四项环境管理目标的关键途径

（技术推广可实现的节能减排量分别占钢铁行业2015～2020年节能、SO_2、NO_x、PM减排总潜力空间的41.0%、48.4%、81.6%、72.8%），近期仍是钢铁行业节能减排的最重要手段。其中，产业共生可有力拓展钢铁行业节能减排的潜力空间，特别是对钢铁行业节能和SO_2减排目标的实现，贡献度均超过30%。

进一步地，为准确判别这些措施为各个工艺带来的节能减排潜力，将整个行业的潜力分解至各个工序。节能和氮氧化物减排的结果见图2-5。结果表明，各个工艺间的节能减排潜力差异较大，如节能潜力最大的工艺为转炉炼钢，达

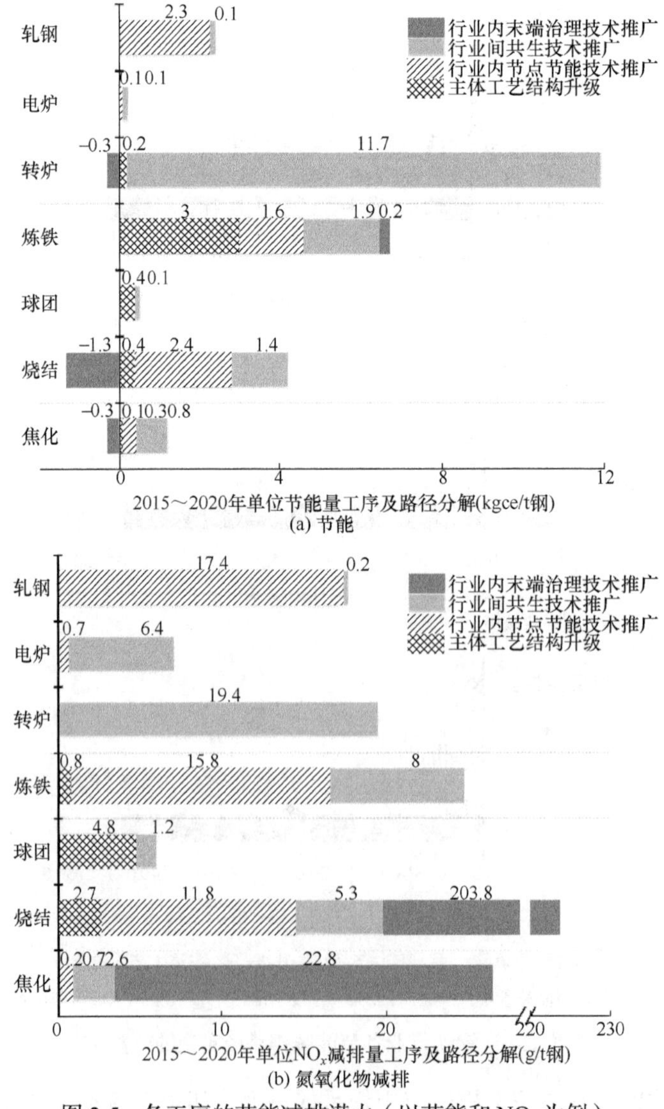

图2-5　各工序的节能减排潜力（以节能和NO_x为例）

到了 11.6kgce/t 钢，其次为炼铁工序，潜力为 6.7kgce/t 钢[图 2-5（a）]；氮氧化物减排目标中，潜力最大的工艺为烧结工序，潜力达到了 223.6g/t 钢，占整体减排潜力的约 70% [图 2-5（b）]。

2.4.3 中国钢铁行业精准化管理建议

中国钢铁行业节能减排管理已有很长历史，取得了显著的成效。然而，在当前全国推动经济高质量发展和大力建设生态文明的总体要求下，钢铁行业迫切需要深入开展节能减排工作，依托精准化管理充分挖掘节能减排潜力。2.4.1 节和 2.4.2 节识别了钢铁行业中具有重要效益的措施及具有较大潜力的工序，支撑了钢铁行业节能减排目标和路线图的制定，依照结果可以提出两点主要的精准化管理建议：

一是节能减排措施中需加强产业共生技术的推广应用。根据测算结果，产业共生技术推广措施具有较大的节能减排效益，尤其对于节能和二氧化硫减排目标而言更是一种重点手段。然而，参考当前国家发布的节能减排技术目录或清单，可看到共生技术在其中的占比较低（10%～14%），尚未得到足够的重视（图 2-6）。因此，有必要针对产业共生技术制定推广措施，如建立工业废弃物/副产品新型利用技术专门的推广应用目录等。本书第 3 章即进一步以产业共生技术推广措施为例，研究关注产业共生系统节能减排的精准化管理。

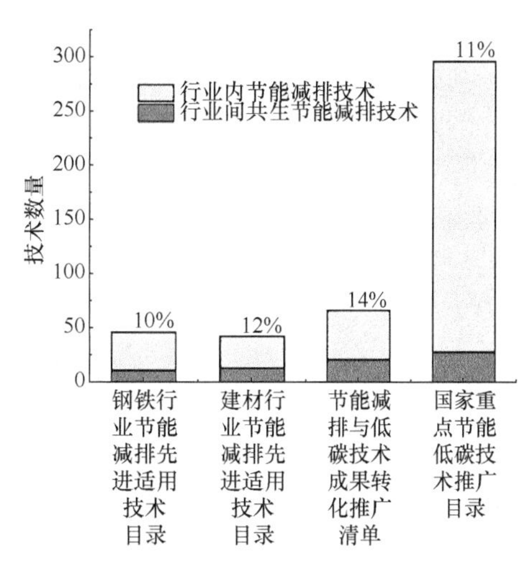

图 2-6　现行国家有关先进节能减排技术目录中的产业共生技术比例

二是需关注具有较大潜力的传统“非重点”工序的节能减排管理。依据 2.4.2 节的测算结果，转炉炼钢和烧结分别是节能和氮氧化物减排的重点工艺，而事实上这两个工艺均非传统认知的或者国家已发布政策中重点关注的能耗和氮氧化物排放环节：能耗的重点工序为高炉炼铁，氮氧化物排放的重点工序为炼焦。这主要是由于随着钢铁行业节能减排管理的不断深入，对重点工艺的节能减排潜力挖掘已较为充分，进一步降低能耗和减少污染物排放的空间不大，而“非传统”工艺的节能减排措施应用还不充分，仍具有可观的潜力。

2.5 本章小结

针对行业节能减排精准化管理的需求，本章依据“原料-工艺-技术-产品”链条模拟了工业系统，详细介绍了三类六项节能减排措施及其作用路径，开发了精准化分析模型，评估了各项措施应用的节能减排效益。同时，以钢铁行业为例，结合情景分析方法开展了精准化管理实践。结果表明：

（1）钢铁行业仍然具有可观的节能减排效果。以 2015 年为基准，钢铁行业在 2020 年可实现总节能潜力为 4214.5 万 tce，SO_2、NO_x 及 PM 的减排潜力分别 31.10 万 t、30.83 万 t 及 55.86 万 t，节能减排幅度为 9.2%，各项污染物的排放总量分别下降 18.9%、31.8%及 56.3%。“十三五”钢铁行业工业节能减排管理目标中，总体上看节能和 SO_2 减排目标过严、NO_x 和 PM 的减排目标过松。

（2）先进技术应用是实现节能减排管理目标的重要途径。在 2015～2020 年，技术推广对于节能和 SO_2、NO_x 及 PM 减排潜力的实现均占有最高的比例。同时，产业共生技术推广逐步显现了可观的节能减排潜力，但在已有行业技术目录中的比例仍然相当低，未来应重视跨行业开展产业共生技术推广，进一步拓展行业节能减排的潜力空间。

参考文献

[1] Yáñez E, Ramírez A, Uribe A, et al. Unravelling the potential of energy efficiency in the Colombian oil industry[J]. Journal of Cleaner Production, 2018, 176: 604-628.

[2] Arens M, Worrell E. Diffusion of energy efficient technologies in the German steel industry and their impact on energy consumption[J]. Energy, 2014, 73: 968-977.

[3] Feng H, Chen L, Liu X, et al. Constructal design for an iron and steel production process based on the objectives of steel yield and useful energy[J]. International Journal of Heat and Mass Transfer, 2017, 111: 1192-1205.

[4] Kermeli K, Edelenbosch O Y, Crijns-Graus W, et al. The scope for better industry representation in long-term energy models: Modeling the cement industry[J]. Applied Energy, 2019, 240: 964-985.

[5] Zhang C, Chen J, Wen Z. Alternative policy assessment for water pollution control in China's pulp and paper industry[J]. Resources, Conservation & Recycling, 2012, 66: 15-26.

[6] Sun X, Cheng S, Li J, et al. An integrated air quality model and optimization model for regional economic and environmental development: A case study of Tangshan, China[J]. Aerosol and Air Quality Research, 2017, 17(6): 1592-1609.

[7] Lu B, Chen G, Chen D, et al. An energy intensity optimization model for production system in iron and steel industry[J]. Applied Thermal Engineering, 2016, 100: 285-295.

[8] Wen Z, Wang Y, Zhang C, et al. Uncertainty analysis of industrial energy conservation management in China's iron and steel industry[J]. Journal of Environmental Management, 2018, 225: 205-214.
[9] Wen Z, Xu J, Lee J C K, et al. Symbiotic technology-based potential for energy saving: A case study in China's iron and steel industrial parks[J]. Renewable and Sustainable Energy Reviews, 2017, 69: 1303-1311.
[10] Wang J, Hu M, Tukker A, et al. The impact of regional convergence in energy-intensive industries on China's CO_2 emissions and emission goals[J]. Energy Economics, 2019, 80: 512-523.
[11] Zhou K, Yang S, Shen C, et al. Energy conservation and emission reduction of China's electric power industry[J]. Renewable and Sustainable Energy Reviews, 2015, 45: 10-19.
[12] Sun D, Yi B, Xu J, et al. Assessment of CO_2 emission reduction potentials in the Chinese oil and gas extraction industry: From a technical and cost-effective perspective[J]. Journal of Cleaner Production, 2018, 201: 1101-1110.
[13] Wang Q, Han R, Huang Q, et al. Research on energy conservation and emissions reduction based on AHP-Fuzzy synthetic evaluation model: A case study of tobacco enterprises[J]. Journal of Cleaner Production, 2018, 201: 88-97.
[14] Wen Z, Li H. Analysis of potential energy conservation and CO_2 emissions reduction in China's non-ferrous metals industry from a technology perspective[J]. International Journal of Greenhouse Gas Control, 2014, 28: 45-56.
[15] Li N, Ma D, Chen W. Quantifying the impacts of decarbonisation in China's cement sector: A perspective from an integrated assessment approach[J]. Applied Energy, 2017, 185: 1840-1848.
[16] Wen Z, Chen M, Meng F. Evaluation of energy saving potential in China's cement industry using the Asian-Pacific Integrated Model and the technology promotion policy analysis[J]. Energy Policy, 2015, 77: 227-237.
[17] Wen Z, Meng F, Chen M. Estimates of the potential for energy conservation and CO_2 emissions mitigation based on Asian-Pacific Integrated Model (AIM): The case of the iron and steel industry in China[J]. Journal of Cleaner Production, 2014, 65: 120-130.
[18] Wang C, Wang R, Hertwich E, et al. A technology-based analysis of the water-energy-emission nexus of China's steel industry[J]. Resources Conservation and Recycling, 2017, 124: 116-128.
[19] Wang C, Olsson G, Liu Y. Coal-fired power industry water-energy-emission nexus: A multi-objective optimization[J]. Journal of Cleaner Production, 2018, 203: 367-375.
[20] Han Y, Long C, Geng Z, et al. Carbon emission analysis and evaluation of industrial departments in China: An improved environmental DEA cross model based on information entropy[J]. Journal of Environmental Management, 2018, 205: 298-307.
[21] Chen Y, Han Y, Zhu Q. Energy and environmental efficiency evaluation based on a novel data envelopment analysis: An application in petrochemical industries[J]. Applied Thermal Engineering, 2017, 119: 156-164.
[22] Wang J, Zhao T. Regional energy-environmental performance and investment strategy for China's non-ferrous metals industry: A non-radial DEA based analysis[J]. Journal of Cleaner

Production, 2017, 163: 187-201.

[23] Zuberi M J S, Patel M K. Bottom-up analysis of energy efficiency improvement and CO_2 emission reduction potentials in the Swiss cement industry[J]. Journal of Cleaner Production, 2017, 142: 4294-4309.

[24] Silva F L C, Souza R C, Cyrino Oliveira F L, et al. A bottom-up methodology for long term electricity consumption forecasting of an industrial sector - Application to pulp and paper sector in Brazil[J]. Energy, 2018, 144: 1107-1118.

[25] Hasanbeigi A, Morrow W, Sathaye J, et al. A bottom-up model to estimate the energy efficiency improvement and CO_2 emission reduction potentials in the Chinese iron and steel industry[J]. Energy, 2013, 50: 315-325.

[26] 温宗国, 等. 工业节能减排管理: 潜力评估模型、技术路径分析及绿色工厂设计[M]. 北京: 科学出版社, 2018.

第 3 章　产业共生系统建模及技术政策分析

第 2 章在以钢铁行业为例的精准化管理实践中发现，产业共生技术是拓宽节能减排潜力空间的重要措施。与传统措施相比，产业共生技术的研究和推广较为复杂，涉及多种物质和能量在不同行业间的交换，其节能减排作用机制也与单一行业内部的技术应用有所差异。同时，目前产业共生技术在先进技术推广目录中的比例仍然较低。本章简要梳理了产业共生的发展现状及在国内外的实践，以物质代谢理论为基础系统梳理了以钢铁-电力-水泥行业为核心的产业共生系统和工艺技术的匹配关系，构建网络状的自底向上模型，评估了产业共生技术的节能减排潜力和成本，基于采样方法识别关键的产业共生技术，针对关键共生节点和高灵敏度的技术清单提出精准化管理建议。

3.1　产业共生的发展现状

3.1.1　产业共生的相关概念

"共生"一词源于希腊语"sumbioein"，最早由德国的生物学家 Antonde de Bery 于 19 世纪 70 年代提出[1]——"共生属于一种自组织现象，不同的生物体间为了生存的需要，按照某种关系相互作用、相互依存，最终形成共同生存及协同进化的共生关系"。随着各学科的发展，共生理论逐渐与产业生态学相结合。而产业共生是指将产业研究纳入共生理论的分析框架中，其概念是 George 于 1947 年在"经济地理"一文中首次提出：产业间存在通过废弃物再利用联系的有机关系。直到 1989 年 Frosch 等[2]在"Strategies for manufacturing"一文中，介绍丹麦卡伦堡经验和产业共生实践的理念后，学者们逐步对产业共生理论开展了广泛的研究。

当前产业共生理论的研究可根据其范畴将其分为狭义的产业共生和广义的产业共生。前者是建立在循环经济的基础上，实现企业间废弃物/副产品的物质交换；而后者是在物质交换基础上，进一步包括设施、信息和人力等要素之间的交换。

1. 狭义的产业共生

Frosch 和 Galfopoulos 首次定义了具体的狭义产业共生，指出是某个产业活动的废弃物输出成为另一个活动的原材料，优化了资源消耗的过程[3]。Allenby 等[4]定义的狭义产业共生强调企业交换副产品或废弃物，形成产业链式的合作关系。Ayies 等[5]提出产业共生是为了提高资源利用率和降低污染排放量，以副产品和废弃物形成企业间合作关系，通过企业间的关联关系实现产业系统的物质循环。综上所述，狭义的产业共生大多仅限于废弃物/副产品的交换再利用，基于实现循环经济的角度。

2. 广义的产业共生

广义的产业共生强调不仅包含共生企业间的物质交换和废弃物利用，还是一种物质、能量、信息等更加全面的合作。Mirata 和 Emtairah[6]指出产业共生是一定区域范围内，物质资源、劳动力、技术、资本等在产业之间流动交换形成的长期合作关系。Ehrenfeld 等[7]指出企业间的共生不仅包含由于地理上的相近带来的废弃物和副产品等物质的交换循环，还包括企业间技术创新、学习机制和知识共享等更为广泛的合作关系。胡晓鹏[8]指出产业共生不仅仅是企业间的废弃物交换，还包括共享基础设施及服务，学习机制、知识和技术的共享等，应是产业之间或产业内的融合、互动和协调发展等关系的总和。

3.1.2 产业共生的国内外实践

随着产业共生研究的不断深入，其实践开始被人们广泛关注。其中最典型的案例是丹麦卡伦堡生态工业园区。该园区历经 50 年的发展，共生实体增加到 17 个，共生路径增加到 30 条，涉及材料共生、水共生和能源共生，形成了多层次、多类型的共生体[9]。世界各国根据本国国情出台了相应政策和符合本国的共生模式，如美国、日本、加拿大、欧洲各国及中国等。

1. 国外产业共生实践

1994 年，美国政府运用产业共生理念，在全国范围内实施了 15 个生态产业园区项目。为了提高物质和能源的利用效率，将循环经济的理念贯穿于生产过程，进而形成了美国杜邦模式和布朗斯维尔虚拟型共生模式[10]。为了进一步推进产业共生的发展，美国近年来出台了《清洁水法》、《污水处理指南》、“物料市场”以及旧金山“绿色地毯”法规等[11]。

日本在 1997 年以国家计划的形式启动了生态镇项目来推动产业共生的发展[12]。该国通过将社会共生网络结构融入生态工业园区中，形成了以地区自治为主，政府、企业和各类机构共同参与的日本循环型社会模式，其典型的工业园区有藤泽生态工业园区和北九州生态工业园区。为了进一步促进物质的循环和可持续发展，日本[13]在 2018 年提出了“地域循环共生圈”的概念、“零碳横滨”的目标以及可再生能源发展的基本政策。

加拿大为了应对环境危机，启动了一批工业生态项目，并为此制定了促进经济增长的政策。其依托工业园区构建信息共享平台，实现了能量层级利用和资源的共享交换，形成了平行型共生模式。近年来，加拿大政府发布了“多伦多循环经济采购实施计划和框架”、“加拿大 2030”以及“加拿大生物经济战略——利用优势实现可持续性未来”等政策。

韩国[14]推动产业共生的实践发展较晚。其在 2005 年发布了国家生态工业园区计划，主要内容是对现有工业园区改造形成生态工业园区。为了更加深入地推广产业共生实践，韩国政府成立了绿色增长同盟。此外，该政府近年来制定了资源循环计划、《资源循环框架法》以及双边循环经济合作计划等方案[15]。

欧盟近年来出台了很多政策来推动产业共生实践，例如，欧盟于 2015 年推出循环经济行动计划，并在 2020 年 3 月发布了新版计划，强调将循环经济理念贯穿产品回收处理、二次资源利用等关键环节，并于同期发布《欧洲绿色新政》等政策[16]。其中，德国作为欧盟成员国之一，目前已拥有较为完善的循环经济体系。德国的产业共生模式是以垃圾处理和资源再利用为核心，形成了回收再利用模式。

2. 国内产业共生实践

随着全国范围内各行业节能减排工作的持续深入，行业内部节能减排空间逐渐收缩，边际成本不断攀升[17]，因此，我国需要推进节能与多种污染物排放的协同控制和成本优化，为工业部门提供了一种技术可行、潜力可观、经济有效的节能减排模式。

目前我国产业共生的研究可以分为理论创新、试点先行、示范引路和总结推广四个阶段[18]。1997 年中国首次引入了生态工业园区的概念，在 2001 年开展了生态工业园试点；2005 年和 2007 年先后发布了两批循环经济试点。为了建立更加完善的产业共生体系和推进资源的循环利用，我国陆续发布了《国务院关于加快发展循环经济的若干意见》（2005 年）、《国家发展改革委 财务部关于印发国家循环经济试点示范典型经验的通知》（2016 年）以及《“无废城市”建设试点工作方案》（2018 年）等政策[19]。目前，我国已从立法、规划、政策等方面全方位地推动产业共生的发展（表 3-1）。

表 3-1　中国促进产业共生的相关政策文件

发布年份	部门	文件
2020	工信部	《京津冀及周边地区工业资源综合利用产业协同转型提升计划（2020—2022 年）》
2020	工信部	《建筑垃圾资源化利用行业规范条件（修订征求意见稿）》
2019	工信部	《新能源汽车废旧动力蓄电池综合利用行业规范条件（2019 年本）》
2018	国务院办公厅	《关于印发“无废城市”建设试点工作方案的通知》

续表

发布年份	部门	文件
2019	国土资源部	《矿产资源节约与综合利用先进适用技术推广目录（2019 年版）》
2018	工信部	《国家工业固体废物资源综合利用产品目录》
2018	工信部	《工业固体废物资源综合利用评价管理暂行办法》
2017	发改委和科技部等 14 个部门	《循环发展引领行动》
2017	工信部	《产业关键共性技术发展指南（2017 年）》
2016	发改委、财政部	《国家循环经济试点示范典型经验及推广指南》
2015	工信部、住建部、发改委、科技部、财政部、环境保护部	《关于开展水泥窑协同处置生活垃圾试点工作的通知》
2015	工信部	《京津冀及周边地区工业资源综合利用产业协同发展行动计划（2015—2017 年）》
2015	工信部	《关于进一步促进产业集群发展的指导意见》
2015	财政部、国家税务总局	《资源综合利用产品和劳务增值税优惠目录》

我国产业共生的实践模式以生态工业园区、循环经济试点园区和园区循环化改造等为主。截至 2019 年，全国共有 25 个省（自治区、直辖市）的 93 个工业园区开展了国家生态工业示范园区的创建工作，其中 51 家已正式得到命名[20]，其典型的代表园区分别为苏州高新区生态工业园区、山东鲁北国家级工业生态示范园区和青岛新天地静脉产业园。2011～2017 年，在全国范围内开展了 7 批次 129 个园区循环化改造示范试点，中央资金支持项目总投资达到 2600 亿元，到 2020 年底推动 75%的国家级园区和 50%的省级园区开展改造。

综上所述，国外研究较早且已建立了较为完善的产业共生体系，其产业共生模式主要以生态产业园区和绿色供应链为主体。而我国产业共生研究起步较晚，但在相关研究对象和方法、立法和政策等方面都取得了较快的发展。本章评估了中国重点行业耦合共生的节能减排潜力空间，识别关键共生领域及共生技术，提出了国家相关技术政策措施的调整意见。

3.2　产业共生系统模拟

本案例[21]克服了传统自底向上模型（bottom-to-up model，BUM）仅适用于单行业工艺技术系统模拟的不足，在单一行业节能减排技术体系的基础上，引入跨行业共生技术，从“源行业-废弃物/副产品-介质（气、液、固）-利用方式（物料、余热、余压）-共生技术-共生产品-汇行业”的物质能量代谢的全过程出发，通过自底向上模型的内部结构嵌入，模拟多行业耦合共生的工艺技术系统。

3.2.1　研究边界

钢铁、电力、水泥行业是高能耗、高污染、高排放的重点工业部门，且三个行业间存在多种物料及能量的交互利用途径，以及密切的技术经济联系，具有较突出的共生节能减排潜力。因此，本节以钢铁、电力、水泥三个行业的耦合共生系统为核心，同时关注三个行业与其他行业间，以及与社会部门间共生的复合大系统（图 3-1）。

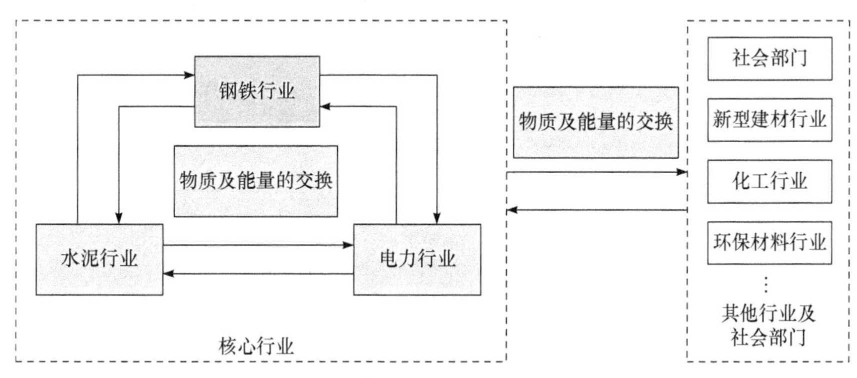

图 3-1　以“钢铁-电力-水泥”行业为核心的产业共生系统边界

本节以 2015 年为基准年，以 2020 年为目标年，开展不同政策情景下产业共生系统模拟与节能减排潜力预测。本节参考“十三五”规划、行业节能减排先进技术推广目录等政策措施目标，设定了 2020 年各行业的规模、结构，各项共生技术的普及率和效果参数等变动情况，评估了产业共生可实现的节能减排潜力及所需投资成本。

3.2.2　网状结构模拟与匹配关系识别

在以“钢铁-电力-水泥”行业为核心的产业共生系统中，废弃物/副产品的种类繁多，涉及多行业、多介质及多利用方式。即每种废弃物/副产品的共生利用技术途径多样，可与多个行业存在共生利用的交互关系，废弃物/副产品产生的“源行业”和消纳的“汇行业”之间存在多对多的网状对应结构（图 3-2）。

针对以“钢铁-电力-水泥”行业为核心的产业共生系统的复杂网状结构，无法采用传统单一行业的线性技术系统的模拟方法。本节以各介质下每种可共生利用的废弃物/副产品为切入点，识别各种废弃物/副产品共生利用的技术途径。在此基础上，详细梳理共生技术资料，全面厘清共生技术之间存在的复杂匹配关系，将共生技术系统嵌入源行业和汇行业的各单行业技术系统中，遵循“源行业-废弃物/副产品-介质（气、液、固）-利用方式（物料、余热、余压）-共生技术-共生产品-汇行业”流程，模拟了产业共生技术系统（图 3-3）。

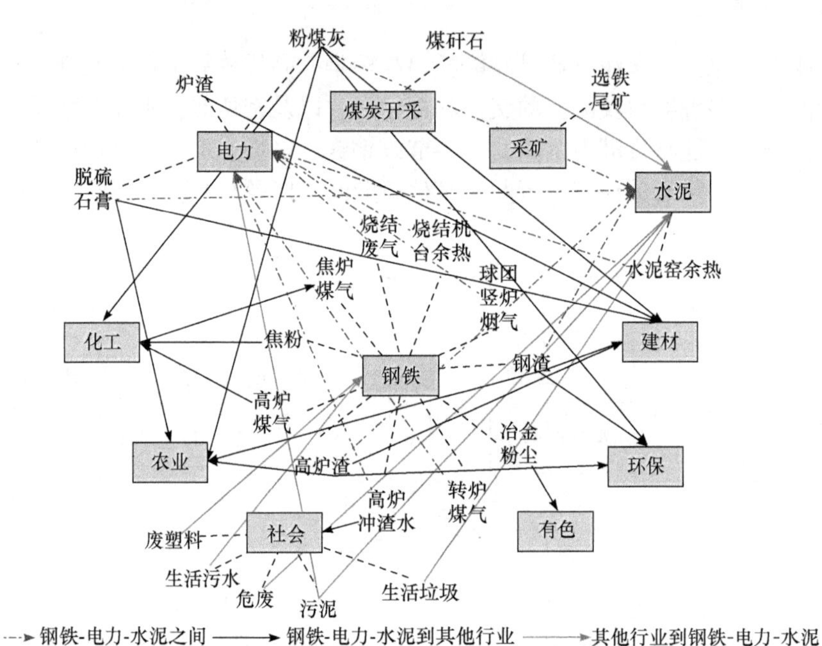

图 3-2　以“钢铁-电力-水泥”行业为核心的产业共生系统的复杂网状结构

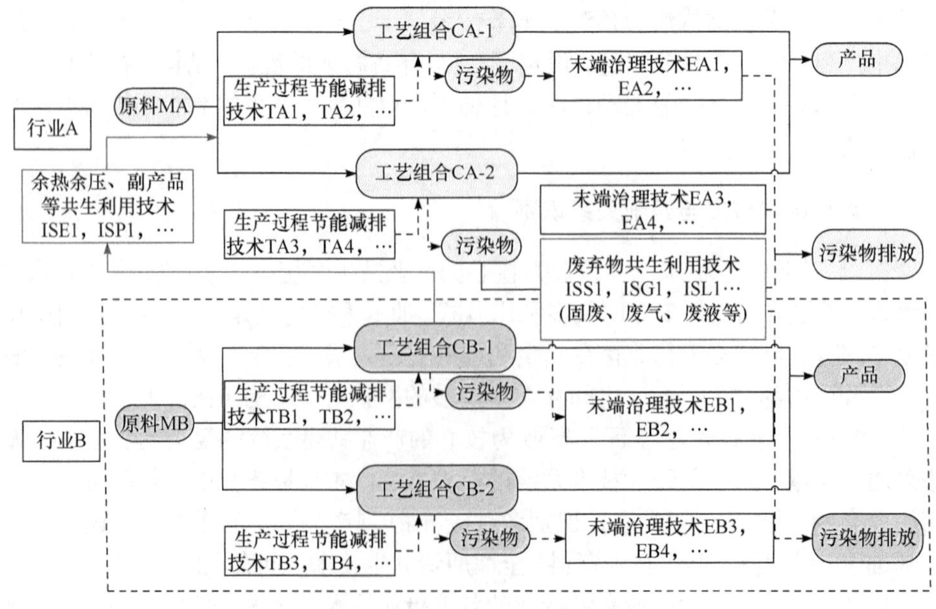

图 3-3　共生技术与源、汇行业的嵌套匹配关系

基于识别的废弃物/副产品的介质种类以及利用方式，本部分系统梳理以“钢铁-电力-水泥”行业为核心的产业共生系统所涉的各项共生技术。技术来源于《国家重点节能低碳技术推广目录（2017 年本，节能部分）》、《节能减排与低碳技术成果转化推广清单（第一批）》《节能减排与低碳技术成果转化推广清单（第二批）》《钢铁行业节能减排先进适用技术指南》《建材行业节能减排先进适用技术指南》、《产业关键共性技术发展指南（2017 年版）》、《工业固体废物综合利用先进适用技术目录（第一批）》、《国家工业资源综合利用先进适用工艺技术设备目录》等行业技术指导政策文件、文献整理，以及 2011～2016 年我国六批次共 118 个园区循环化改造示范试点和相关企业的实地调研。结合专家访谈等数据可获取情况，选择适用性较好、具有良好节能减排效果的 75 项共生技术，如表 3-2 所示。

表 3-2　共生技术清单

编号	源行业	废弃物/副产品	利用方式	技术名称	汇行业
S1	钢铁	焦粉	原料替代	焦粉制活性炭	化工
S2	钢铁	烧结矿显热	节电	烧结热矿余热发电	电力
S3	钢铁	球团废热	节煤	球团废热循环利用	电力
S4	钢铁	高炉渣	原料替代	高炉渣制矿渣微粉部分替代水泥熟料生产水泥	水泥
S5	钢铁	高炉渣	原料替代	高炉渣制矿渣微粉部分替代水泥生产混凝土	建材
S6	钢铁	高炉渣	原料替代	高炉渣制农业用硅肥	农业
S7	钢铁	高炉渣	节煤、节电	高炉熔渣制矿渣棉	建材
S8	钢铁	高炉渣	原料替代、节煤	高炉熔渣制微晶玻璃	建材
S9	钢铁	高炉渣	原料替代	高炉渣吸附除磷	环保
S10	钢铁	钢渣	原料替代	钢渣制钢渣微粉部分替代水泥熟料生产水泥	水泥
S11	钢铁	钢渣	原料替代	钢渣制钢渣微粉部分替代水泥生产混凝土	建材
S12	钢铁	钢渣	原料替代、节煤	熔融钢渣制微晶玻璃	建材
S13	钢铁	钢渣	原料替代	钢渣制农业用复合肥	农业
S14	钢铁	钢渣	原料替代	钢渣法脱硫副产物作酸性土壤改良剂	农业
S15	钢铁	钢渣	原料替代	钢渣制净水剂	环保
S16	钢铁	冶金粉尘	原料替代	蓄热式转底炉处理冶金粉尘回收铁锌	有色
S17	社会	废塑料	节煤	焦炉喷吹废塑料	钢铁
S18	社会	废塑料	节煤	高炉喷吹废塑料	钢铁

续表

编号	源行业	废弃物/副产品	利用方式	技术名称	汇行业
S19	电力	粉煤灰	原料替代	粉煤灰替代黏土原料烧制水泥熟料	水泥
S20	电力	粉煤灰	原料替代	粉煤灰替代水泥混合材	水泥
S21	电力	粉煤灰	原料替代	粉煤灰制新型建筑陶瓷	建材
S22	电力	粉煤灰	原料替代	粉煤灰制高掺量粉煤灰烧结砖	建材
S23	电力	粉煤灰	原料替代、节电	粉煤灰制加气混凝土砌块	建材
S24	电力	粉煤灰	原料替代	粉煤灰制备微晶玻璃	建材
S25	电力	粉煤灰	原料替代	粉煤灰替代石油沥青路面骨料	建材
S26	电力	粉煤灰	原料替代	粉煤灰制土壤修复剂	农业
S27	电力	粉煤灰	原料替代	粉煤灰生产硅肥	农业
S28	电力	粉煤灰	原料替代	粉煤灰制超细环保纤维	环保
S29	电力	粉煤灰	原料替代	高铝粉煤灰综合利用提取氢氧化铝、白炭黑、轻质碳酸钙	化工
S30	电力	粉煤灰	原料替代	粉煤灰制备吸附材料处理废水废气	环保
S31	电力	炉渣	原料替代	炉渣替代水泥混合材	水泥
S32	电力	炉渣	原料替代	炉渣部分替代水泥制混凝土	建材
S33	电力	炉渣	原料替代	炉渣制加气混凝土砌块	建材
S34	电力	炉渣	原料替代	炉渣替代石油沥青路面骨料	建材
S35	电力	炉渣	原料替代、节煤	生活垃圾焚烧发电厂炉渣制备墙体免烧砖	建材
S36	电力	脱硫石膏	原料替代	脱硫石膏制水泥缓凝剂	水泥
S37	电力	脱硫石膏	原料替代	脱硫石膏制石膏板等新型建材	建材
S38	电力	脱硫石膏	原料替代	脱硫石膏制路面材料	建材
S39	电力	脱硫石膏	原料替代	脱硫石膏制土壤改良剂	农业
S40	电力	脱硫石膏	原料替代	脱硫石膏制复混肥添加剂	农业
S41	电力	脱硫石膏	原料替代、节电	脱硫石膏制免蒸加气混凝土砌块	建材
S42	电力	污泥	节煤	火电厂协同资源化处理污水处理厂污泥	电力
S43	采矿	选铁尾矿	原料替代	利用选铁尾矿替代铁粉生产水泥熟料	水泥
S44	煤炭开采洗选	煤矸石	原料替代、节煤	煤矸石替代黏土生产水泥熟料	水泥
S45	煤炭开采洗选	煤矸石	原料替代	煤矸石部分替代水泥制混凝土	水泥
S46	社会	危险废弃物	原料替代、节煤	利用预分解窑协同处置危险废物	水泥
S47	社会	污泥	原料替代、节煤	利用预分解窑协同处置城镇污水厂污泥	水泥

续表

编号	源行业	废弃物/副产品	利用方式	技术名称	汇行业
S48	社会	生活垃圾	原料替代、节煤	水泥窑协同处置生活垃圾生产垃圾衍生燃料（RDF）	水泥
L1	钢铁	高炉冲渣水	节煤	高炉冲渣水换热回收余热用于市政供暖	社会
L2	钢铁	高炉冲渣水	节电	高炉冲渣水余热发电	电力
L3	社会	生活污水	原料替代	钢铁流程处理社区生活污水	钢铁
G1	钢铁	焦炉煤气	原料替代	焦炉煤气变压吸附制氢	化工
G2	钢铁	焦炉煤气	原料替代	焦炉煤气制合成氨	化工
G3	钢铁	焦炉煤气	原料替代	焦炉、转炉煤气配合合成甲醇	化工
G4	钢铁	焦炉煤气	原料替代	焦炉、转炉煤气配合合成二甲醚	化工
G5	钢铁	焦炉煤气	原料替代	焦炉、转炉煤气配合合成甲烷化天然气	化工
G6	钢铁	焦炉荒煤气	原料替代	焦炉荒煤气电捕焦油器回收焦油	化工
G7	钢铁	焦炉荒煤气	原料替代	焦炉荒煤气 HPF 法脱硫制酸	化工
G8	钢铁	焦炉荒煤气	原料替代	焦炉荒煤气喷淋法回收硫酸铵	电力
G9	钢铁	焦炉荒煤气	原料替代	焦炉荒煤气回收粗苯	电力
G10	钢铁	焦炉荒煤气	节电	炼焦荒煤气显热回收利用	电力
G11	钢铁	烧结烟气显热	节煤	烧结废气余热循环利用工艺	电力
G12	钢铁	烧结烟气显热	节电、节煤	烧结机台余热能量回收驱动（SHRT）	社会
G13	钢铁	球团烟气显热	节煤	球团竖炉烟气余热回收用于冬季供暖	化工
G14	钢铁	高炉煤气	原料替代	高炉煤气变压吸附提取 CO	电力
G15	钢铁	高炉煤气余压	节电	高炉炉顶煤气干式余压发电（干式TRT）	电力
G16	钢铁	高炉煤气余压	节电	煤气透平与电动机同轴驱动高炉鼓风机（BPRT）	电力
G17	钢铁	高炉煤气内能	节电	燃气-蒸汽联合循环发电（CCPP）	化工
G18	钢铁	转炉烟气显热	节电	转炉饱和蒸汽发电	电力
G19	钢铁	转炉煤气	节电	转炉煤气干法回收	电力
G20	钢铁	加热炉汽化冷却蒸汽显热	节电	加热炉汽化冷却蒸汽显热发电	电力
G21	钢铁	电炉烟气显热	节电	电炉烟气余热回收利用除尘	电力
G22	钢铁	电炉/加热炉余热	节电	电炉余热和加热炉余热联合发电	电力
G23	钢铁	转炉/电炉饱和蒸汽	节电	非稳态余热回收及饱和蒸汽发电	电力
G24	水泥	水泥窑余热	节电	水泥窑低温余热发电技术	电力

3.3　共生系统的节能减排潜力及成本分析

产业共生技术环境及经济效果的数值化表征是本研究的主要难点之一。源行业产生的废弃物/副产品通过共生技术生产汇行业产品时，由于对废弃物/副产品利用方式不同，对源、汇行业的能源消耗和污染物排放产生不同影响。各项共生技术效果的数值化表征需要结合共生技术节能减排的具体途径对计算方式进行区分，以准确量化不同共生技术在本研究关注的五维目标（节能，SO_2、NO_x、PM减排，以及投资成本控制）上的效果。

在环境影响方面，共生技术通过原料替代、节煤、节电、节天然气等多种方式实现能源节约和污染物减排的效果。需要根据废弃物/副产品的节能减排途径，具体选择各项共生技术环境影响核算所对应的参考基准技术，衡量共生技术相对参考基准技术的能耗和污染物排放水平差异，通过所节约原材料、能源的折标煤系数实现共生技术节能量的计算。根据所节约原材料、能源的具体类型，可以确定各原材料、能源生产或燃烧过程中的污染物排放系数，并考虑共生技术所作用的具体工序环节的污染物排放末端削减率，可计算共生技术的污染物减排效果（图 3-4）。通过上述方法，得到各项产业共生技术的节能减排效益清单，如表 3-3 所示。

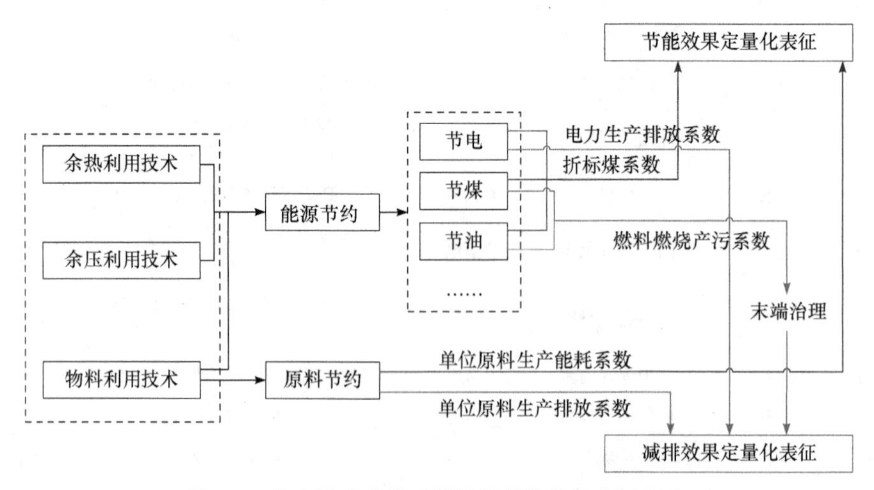

图 3-4　共生技术节能减排效果的数值化表征方式

表 3-3　共生技术数值化表征结果

编号	节能效益 [kgce/t 废弃物/（副产品）]	减排效益[g/t 废弃物/（副产品）]			投资成本（元/t）
		SO_2	NO_x	PM	
S1	46.9	521.9	466.9	48.8	160.0

续表

编号	节能效益[kgce/t 废弃物/（副产品）]	减排效益[g/t 废弃物/（副产品）]			投资成本（元/t）
		SO_2	NO_x	PM	
S2	2.5	7.8	7.2	1.6	12.2
S3	3.0	10.0	29.9	0.6	9.0
S4	85.5	330.0	976.7	471.4	140.0
S5	68.0	262.5	776.8	374.9	140.0
S6	26.0	289.1	258.7	108.2	129.4
S7	296.1	2926.3	2622.5	1070.0	391.4
S8	325.0	3071.9	3072.1	108.2	20000
S9	65.1	723.9	647.7	270.8	3000.0
S10	77.7	311.7	922.5	419.0	171.0
S11	61.8	167.4	512.0	236.2	171.0
S12	325.0	4227.9	2835.8	99.8	20000
S13	32.0	355.8	318.4	133.1	300.0
S14	80.0	3500.0	0.0	0.0	1200.0
S15	40.0	444.8	398.0	166.4	4000.0
S16	241.3	3526.5	43.6	837.0	70.0
S17	14.0	25.0	102.2	25.0	8.0
S18	4.7	166.8	149.3	0.6	8.3
S19	15.1	124.9	76.9	0.2	61.0
S20	100.0	399.8	1284.3	624.6	100.0
S21	43.3	423.7	422.2	18.0	1667.0
S22	9.7	110.4	96.5	40.4	137.0
S23	11.7	39.0	36.0	0.1	579.0
S24	180.0	1701.4	1701.5	37.4	10000
S25	12.0	133.4	119.4	49.9	1.0
S26	65.0	0.0	0.0	0.0	800.0
S27	12.0	133.4	119.4	49.9	750.0
S28	90.0	380.0	0.0	200.0	3110.0
S29	50.0	556.0	0.0	6.2	3000.0
S30	220.0	3400.2	3012.0	1248.0	2000.0
S31	85.0 kgce/t 炉底灰	320.0	1266.3	620.6	66.0
S32	70.0	197.3	686.9	346.2	120.0
S33	3.2	30.0	18.0	7.0	250.0
S34	10.0	127.6	114.0	48.7	3.0
S35	42.0	467.4	418.2	174.8	55.0

续表

编号	节能效益[kgce/t 废弃物/（副产品）]	减排效益[g/t 废弃物/（副产品）]			投资成本（元/t）
		SO_2	NO_x	PM	
S36	55.0	0.0	0.0	99.0	20.0
S37	55.0	0.0	0.0	0.0	240.0
S38	2.0	22.2	19.9	8.3	5.0
S39	75.0	262.3	95.4	76.9	160.0
S40	32.0	355.8	318.4	133.1	1600.0
S41	84.5	93.6	86.4	0.3	950.0
S42	7.1	92.3	242.4	14.9	173.6
S43	21.3	0.0	0.3	0.0	0.0
S44	158.6	0.0	0.0	2.0	40
S45	70.0	0.0	0.0	347.8	80
S46	9.0	80.1	49.3	0.1	1400.0
S47	8.0	479.5	294.6	0.7	800.0
S48	11.0	97.9	60.2	0.1	920.0
L1	13.5	12.9	39.6	5.9	5.0
L2	1.1	3.5	3.2	0.7	23.0
L3	（0.2）	（2.2）	（2.0）	（0.8）	10.0
G1	117.0	（19.8）	32.7	16.7	112.0
G2	181.7	（19.8）	（18.3）	（4.1）	600.0
G3	183.3	（34.1）	（8.4）	2.4	320.0
G4	260.3	（48.4）	（11.9）	3.5	454.0
G5	103.0	9.0	56.7	21.6	431.6
G6	45.7	0.0	0.0	0.0	1.0
G7	19.0	1102.0	0.0	0.0	1.0
G8	28.0	0.0	0.0	0.0	1.0
G9	20.0	0.0	0.0	0.0	1.0
G10	10.0	31.7	29.3	6.5	18.2
G11	1.8	1.6	8.9	0.3	9.0
G12	4.0	12.7	11.7	2.6	12.5
G13	3.0	10.0	29.9	1.9	1.8
G14	90.0	11.0	69.3	0.2	200.0
G15	6.1	19.5	18.0	4.0	16.3
G16	6.4	21.5	19.8	4.4	23.1
G17	5.8	18.3	16.9	3.8	28.1
G18	7.5	23.0	21.2	4.7	20.8

续表

编号	节能效益[kgce/t 废弃物/（副产品）]	减排效益[g/t 废弃物/（副产品）]			投资成本（元/t）
		SO_2	NO_x	PM	
G19	5.0	15.9	14.6	3.3	12.0
G20	1.2	3.8	3.5	0.8	8.5
G21	8.0	25.4	23.4	5.2	8.0
G22	2.4	7.6	7.0	1.6	32.2
G23	1.2	3.9	3.6	0.8	7.0
G24	3.9	12.5	11.5	2.6	44.0

注：带括号表示负值。

依据上述方法，本节可计算“钢铁-电力-水泥”共生系统在 2020 年的节能减排潜力（图 3-5）。2015～2020 年，“钢铁-电力-水泥”共生系统可实现节能量 3574.8 万 tce，减排 SO_2 18.9 万 t，减排 NO_x 13.9 万 t，减排 PM 6.4 万 t，所需技术改造投资成本为 2768.3 亿元。与钢铁、电力、水泥行业的“十三五”发展规划目标相比，其对节能量规划目标实现的贡献率约为 19%，对 SO_2 减排目标实现的贡献率为 22%～43%，对 NO_x 减排目标实现的贡献率为 11%～23%，对 PM 减排目标实现的贡献率为 9%～18%。由此可见，通过产业共生实现废弃物/副产品的跨行业协同利用是三行业节能以及 SO_2、NO_x、PM 减排的重要途径，可有力拓宽“十三五”期间工业部门节能减排的潜力空间。

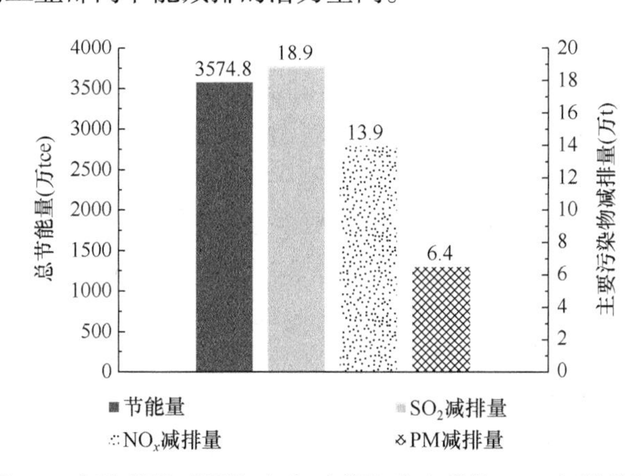

图 3-5　以 2015 年为基准“钢铁-电力-水泥”共生系统 2020 年的节能减排潜力

进一步，按照产业共生技术链接的源行业、汇行业，可将该产业共生系统的近期节能减排潜力具体分解到各耦合共生子系统，如图 3-6 所示。

其中，节能潜力主要通过钢铁-电力、钢铁-化工和其他工业行业-水泥的耦合共生子系统实现，分别占该产业共生系统近期（2015～2020 年）节能总量的 24.3%、

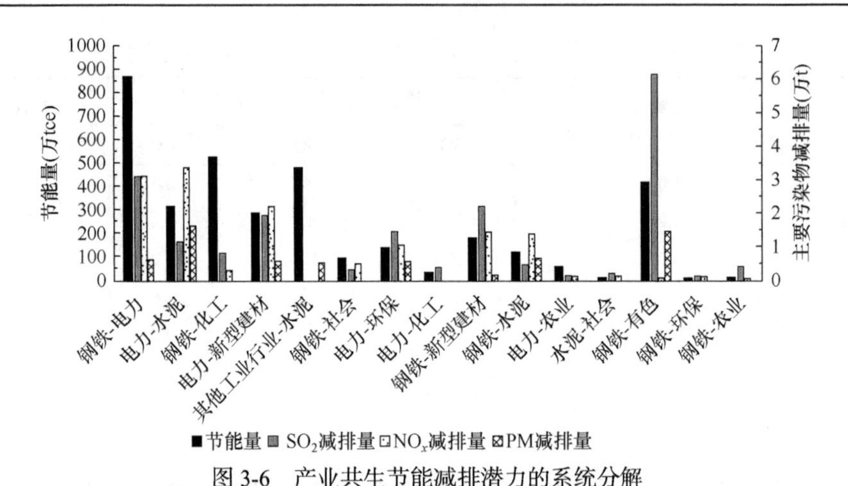

图 3-6　产业共生节能减排潜力的系统分解

14.8%、13.5%。通过节能潜力的技术路径分解可以发现，充分利用钢铁行业的余热余压发电，利用钢铁行业的副产煤气化工生产制取氢气、甲醇、二甲醚、甲烷化天然气等，以及利用采矿、煤炭开采行业产生的煤矸石、选铁尾矿等作为水泥行业的替代原料，应作为2015～2020年产业共生的重点方向。

SO_2减排潜力主要通过钢铁-有色的耦合共生实现，通过推广蓄热式转底炉处理冶金粉尘回收铁锌，实现金属再生，可有力削减铁、锌生产过程的大量SO_2排放。通过该共生技术的推广应用，2015～2020年可实现的SO_2减排量占该产业共生系统SO_2减排总量的32.4%，应作为2015～2020年产业共生的重点方向。

NO_x减排潜力主要通过电力-水泥、钢铁-电力的耦合共生子系统实现，分别占该产业共生系统近期NO_x减排总量的24.5%、22.4%。利用电力行业的固体废弃物（粉煤灰、脱硫石膏、炉渣）作为水泥行业的替代原料或替代混合材，以及利用钢铁行业的余热余压发电是近期产业共生的推广重点。

PM减排潜力主要通过电力-水泥、钢铁-有色的耦合共生子系统实现，分别占该产业共生系统近期PM减排总量的25.5%、22.7%。利用电力行业的固体废弃物作为水泥行业的替代原料或替代混合材，以及推广蓄热式转底炉处理冶金粉尘回收铁锌技术是近期产业共生的重点方向。

对照当前工信部、科技部、环境保护部、发改委共4部委发布的11行业节能减排先进适用技术目录、《工业固体废物综合利用先进适用技术目录（第一批）》、《国家工业资源综合利用先进适用工艺技术设备目录》、《产业关键共性技术发展指南》、《节能减排与低碳技术成果转化推广清单》和《国家重点节能低碳技术推广目录》等，以及焦化、炼钢、轧钢、烧结和球团生产工序及火电、水泥行业的污染防治可行技术指南等14份技术推广目录，全部技术目录涉及820项近期重点推广的节能减排技术，研究发现尚无针对钢铁行业的副产煤气化工生产以及针对采矿、煤炭开采废弃物替代水泥原料的共生技术。因此，上述两类产业共生技术由于节能减排效益显著，应该纳入重点推广的节能减排技术目录，作为近期产业共生的重要推进方向。

3.4　关键共生技术的识别

本部分在上述共生系统整体潜力分析的基础上，梳理共生系统未来发展情景（2020～2030 年）中的各种波动因素及其关联、传导机制，对产业共生系统进行大样本采样模拟，基于共生系统中的各类嵌套匹配关系筛选出可行采样方案，辅助确定共生系统的节能减排远期管理目标；采用区域灵敏度分析方法识别关键技术路径，提出共生系统的远期技术推广路线及技术政策。

3.4.1　跨行业耦合共生技术系统采样和不确定性因素识别

以“钢铁-电力-水泥”行业为核心的共生系统面临的不确定性可以分为两类：第一类是产量规模的不确定性，具体包括各源、汇行业生产规模的不确定性，各源行业原料结构的不确定性，废弃物/副产品产生系数的不确定性，以及各废弃物/副产品产量的不确定性四项；第二类是工艺技术结构的不确定性，即各项共生技术普及率的不确定性。上述五项输入的不确定性影响了共生系统的节能减排效果和所需投资成本。

本案例采用拉丁超立方采样方法对模型所涉及的五类不确定性因素进行采样，模拟所有变量同时波动的情况下，各变量及变量间相互影响机制对产业共生系统节能减排效果及所需投资成本的共同影响。为了使采样情景符合未来发展的现实可能性，并满足政策约束性要求，本案例中对采样方案进行约束违反度计算，筛选出符合全部约束条件的可行采样方案。在此基础上，结合区域灵敏度分析（HSY 算法），判断各项产业共生技术对于各项节能减排目标实现的影响程度，从而识别关键的产业共生技术。

3.4.2　共生技术系统节能减排的可行目标与关键共生技术

1. 共生技术系统节能减排可行目标的制定

采用拉丁超立方采样方法对“钢铁-电力-水泥”产业共生系统的粗钢产量、钢铁厂自备焦产量、发电量、水泥产量共 4 项行业规模参数，6 项钢比系数、煤电比例、熟料系数共 8 项行业结构参数，高炉渣、粉煤灰、水泥窑余热等 37 项废弃物/副产品的产生系数（以废弃物/副产品的产生系数为基准，上下浮动 10%进行随机采样），以及 75 项共生技术的普及率参数，共计 130 项输入的不确定性参数，同时采样 30 万次。调用约束违反度函数，检验可行采样方案共计约 10.5 万个，其代表 10.5 万种产业共生系统未来可能的发展情景。

各发展情景下，产业共生系统 2020～2030 年可实现的节能减排效果及所需投资成本的概率分布如图 3-7 所示。在 90%的置信水平下，该共生系统 2020～2030 年

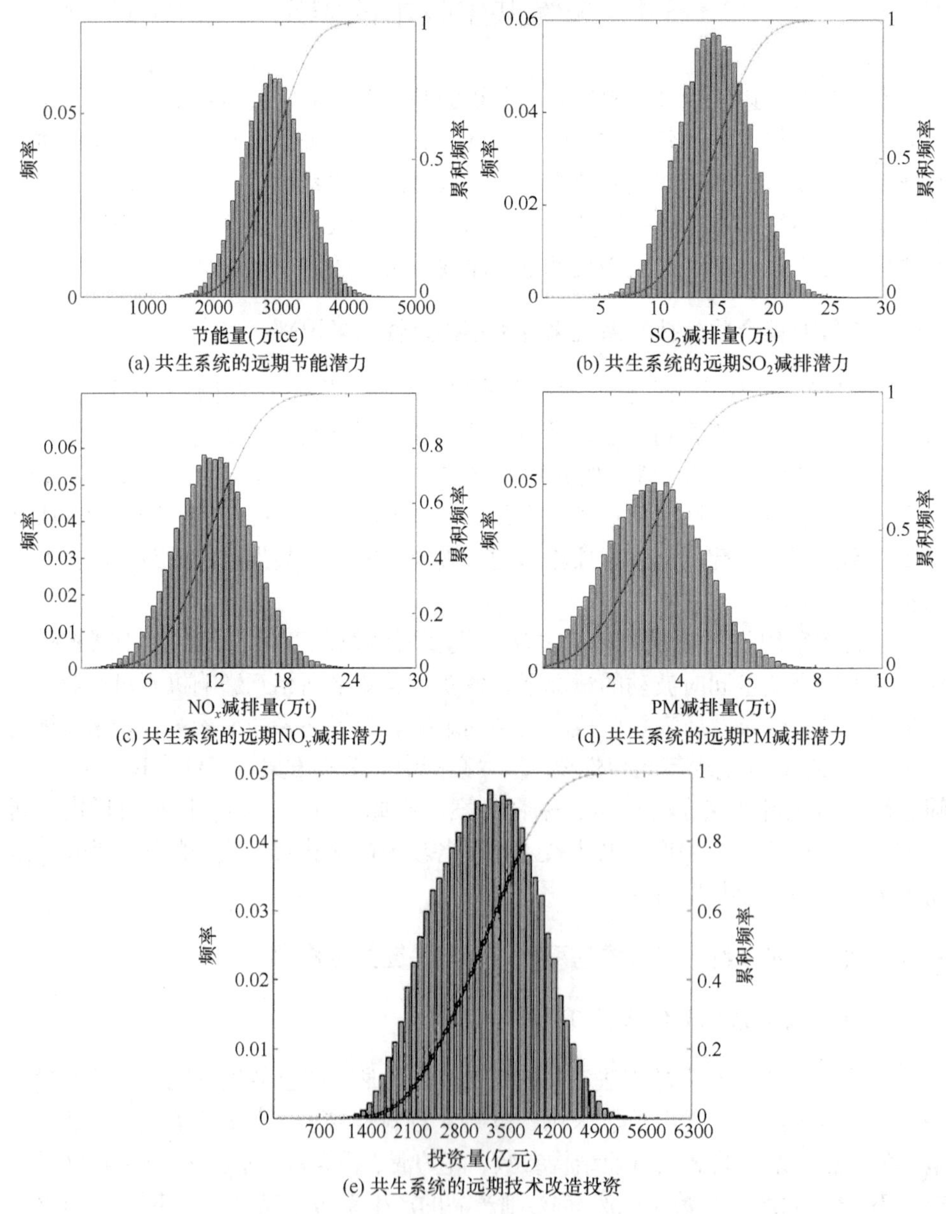

图 3-7 2020～2030 年产业共生系统节能减排效果的概率分布

可节能 2207.5 万～3671.1 万 tce，减排 SO_2 10.2 万～20.5 万 t，NO_x 5.6 万～17.9 万 t，PM 2.1 万～5.7 万 t，同时需投资成本 2054.4 亿～4446.0 亿元。以 75%的可行采样方案可达标为基准，产业共生系统 2030 年的节能减排及投资成本控制目标设定如下：节能 3227.4 万 tce，减排 SO_2 16.4 万 t、NO_x 14.2 万 t、PM 4.3 万 t，总技术改造投资成本在 3887.4 亿元以内。

2. 关键共生技术路径识别及管理措施建议

通过区域灵敏度分析，识别出影响该产业共生系统环境及经济效果的敏感技术共 51 项，如图 3-8 所示。可以看出，考虑未来发展情景的不确定性，同一项共生技术在不同目标上的影响效果差别显著；反之，产业共生系统在不同目标上的关键共生技术路径也各不相同。

本案例汇总分析了三类共生技术在各项目标上的区域灵敏度，识别了不确定性条件下对产业共生系统的各项目标实现有显著正向影响效果的关键共生技术，

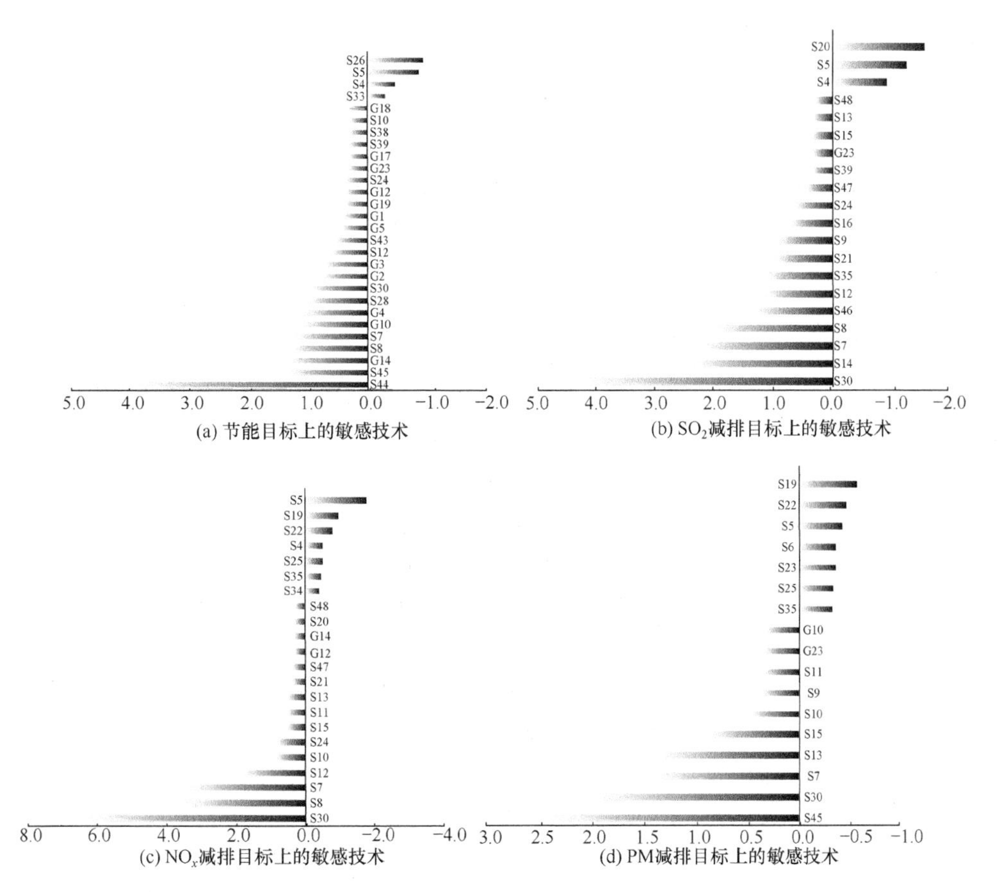

(a) 节能目标上的敏感技术　(b) SO_2减排目标上的敏感技术

(c) NO_x减排目标上的敏感技术　(d) PM减排目标上的敏感技术

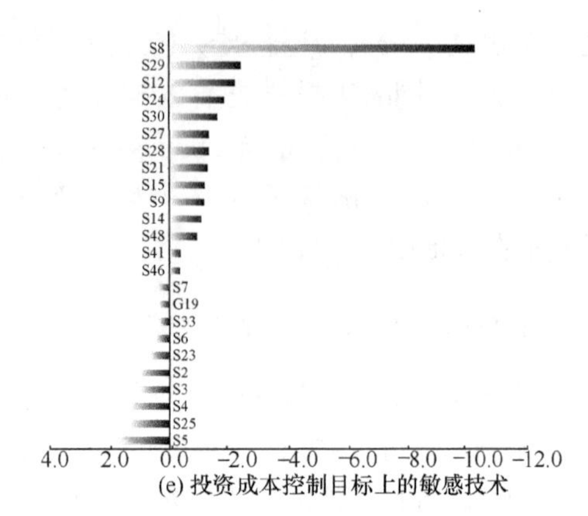

(e) 投资成本控制目标上的敏感技术

图 3-8　影响产业共生系统各目标实现的 51 项敏感技术

编号对应各项技术见表 3-2

并作为重点开展推广应用；而对产业共生系统的各项目标实现具有显著负向影响效果的敏感共生技术，应进行有效规避。结合灵敏度分析的结果，可以识别制约各共生技术远期推广的主要因素，辅助进行科学的技术推广政策制定，提高技术推广政策的针对性和支撑管理目标的有效性。

一是重点推广型技术：此类技术的推广对产业共生系统的一项或多项节能减排目标实现具有突出的正向影响效果，共 31 项。整体上有工业固体废弃物生产新型建材和环保材料技术（16 项）、钢铁行业余热余压利用技术（10 项）、副产煤气生产高附加值化工产品技术（5 项）。这些技术的大力推广是产业共生系统节能、减排及成本控制远期管理目标实现的基础，应将此类技术纳入国家节能减排先进技术目录清单及产业关键共生技术推广清单。其中，14 项技术在投资成本上负向敏感（S8、S9、S12、S14、S15、S21、S24、S27、S28、S29、S30、S41、S46、S48），说明这几项技术具有较好的节能减排的效果，但是经济成本相对偏高。这会对企业造成严重的经济负担，所以在推广的过程中政府需要提供必要的经济补偿，以减轻企业的成本压力并加快这几项技术的推广。

对照当前工信部、科技部、环境保护部、发改委 4 部委发布的 14 份技术推广目录所涉及的 820 项重点推广节能减排技术，余热余压共生技术和工业-社会共生技术均应在技术推广目录中作为产业共生系统重点推广技术目录。另外，本案例发现尚无针对工业固体废弃物生产环保材料、工业副产煤气生产高附加值化工产品的共生技术。建议将上述两类共生技术纳入 2030 年的重点推广节能减排技术目录，作为产业共生的重要推进方向。

二是非重点推广型技术：此类技术的节能减排潜力空间相对较小（$-0.3<$灵敏度<0.3），不应纳入 2015～2030 年重点推广技术目录，共 26 项。其中 S27、S29 和 S41 这三项技术的经济成本相对较差，而且不具有较好的节能减排效果。而

G6、G7、G8 技术是由于当前的技术普及率非常高（达到 90%以上），所以未来推广空间有限，不应该作为重点推广技术。对照已发布的国家重点推广节能减排技术目录，发现 7 项共生技术在列。其中，4 项共生技术（L1、G15、G16、G24）是当前产业共生重点推广技术，但随着各项共生技术普及率的不断提高，2030 年这些共生技术应退出重点推广技术目录，不再作为产业共生的重点推广方向；其他 3 项共生技术（S17、S18、S41）也由于对节能减排目标不敏感或负向敏感，建议退出重点推广技术目录。

三是淘汰型技术：此类技术的推广对产业共生系统的一项或多项节能减排目标实现具有突出的负向影响效果（灵敏度<–0.3），共识别 13 项。从整体上看，淘汰型技术多为针对高炉渣、粉煤灰、脱硫石膏、炉渣四类废弃物跨行业利用的共生技术。因为这类共生技术利用总量的提高空间有限并且环境、经济效益相对较差。因此，2015～2030 年间针对部分工业固体废弃物（高炉渣、粉煤灰、脱硫石膏、炉渣）的共生利用方式，应加快从传统简单易行的低附加值利用方式向环境、经济效果更优的新型共生利用方式转变，是挖掘产业共生节能减排潜力的重要抓手，并重点压缩 S4、S5、S19、S20 四项共生技术的应用比率。对照已发布的国家重点推广节能减排技术目录，除 G9 外的其余淘汰型共生技术（S4、S5、S19、S20、S31、S32、S36、S37）均是产业共生的当前重点推广方向，但随着环境效益更显著、经济成本更低廉的新型共生技术的不断成熟，这些共生技术在未来应退出国家重点推广技术目录。

3.5　本 章 小 结

本章针对产业共生技术推广的节能减排措施，建立了全国钢铁-电力-水泥共生技术系统，关联多项嵌套匹配机制。应用潜力评估及大样本采样等方法，识别了产业共生系统的关键节点，对远期共生技术的推广提出建议，有力地支撑了产业共生技术推广措施的精准化管理。研究结果表明：

（1）相对于2015年，以“钢铁-电力-水泥”行业为核心的产业共生系统在2015～2020 年可节能 3574.8 万 tce，减排 SO_2 18.9 万 t、NO_x 13.9 万 t、PM 6.4 万 t，所需投资成本为 2768.3 亿元。根据已有行业发展规划和研究报告，对三个行业 2020 年能耗和污染物排放量的预测情况，通过跨行业耦合共生可实现的能耗削减率约为 1.9%，SO_2、NO_x 及 PM 的排放削减率分别约为 6.5%、3.2%、2.7%，产业共生显著拓宽了节能减排的潜力空间。

（2）对产业共生系统节能减排潜力的系统分解结果表明，利用钢铁行业的余热余压发电，利用钢铁行业的副产煤气化，利用电力、采矿、煤炭开采行业的固体废弃物替代水泥原料或混合材，推广蓄热式转底炉处理冶金粉尘回收铁锌技术等四类产业共生技术，应作为2015～2020年“钢铁-电力-水泥”系统构建产业共生的重点方向。

（3）根据区域灵敏度结果，将各项产业共生技术划分为三类，包括31项重点推广型技术、26项非重点推广型技术以及13项淘汰型技术，应进一步明确有针对性的推广路线和政策建议。建议需加快余热余压利用以及工业-社会共生技术的推广应用；加强工业固体废弃物-环保材料、工业副产煤气-高附加值化工产品，以及工业固体废弃物-新型建材三类共生技术的科技研发投入和示范工程项目建设；加速高炉渣、粉煤灰、脱硫石膏、炉渣的共生利用方式向环境、经济效果更优的新型共生利用方式转变，是远期推进产业共生实现节能减排的重点方向。

参考文献

[1] Oulhen N, Schulz B J, Carrier T J. English translation of Heinrich Anton de Bary’s 1878 speech, ‘Die Erscheinung der Symbiose’ (‘De la symbiose’) [J]. Symbiosis, 2016, 69: 131-139.
[2] Chertow M R. “Uncovering” industrial symbiosis[J]. Journal of Industrial Ecology, 2007, 11(1): 11-30.
[3] Frosch R A, Gallopoulos N E. Strategies for manufacturing[J]. Scientific American, 1989, 261(3): 144-152.
[4] Richards D J, Allenby B R. The greening of industrial ecosystems[M]. Washington, D.C.: National Academies Press, 1994.
[5] Ayies R U, Ayres L W, Klöpffer W. Industrial ecology: Towards closing the material cycle[J]. The International Journal of Life Cycle Assessment, 1997, 2(3): 154.
[6] Mirata M, Emtairah T. Industrial symbiosis networks and the contribution to environmental innovation: The case of the Landskrona industrial symbiosis programme[J]. Journal of Cleaner Production, 2005, 13(10-11): 993-1002.
[7] Ehrenfeld J R, Chertow M R. Chapter 27: Industrial symbiosis: The legacy of Kalundborg// Ayres R U, Ayres L W. A Handbook of Industrial Ecology[M]. Cheltenham: Edward Elgar Publishing Limited, 2002.
[8] 胡晓鹏. 产业共生：理论界定及其内在机理[J]. 中国工业经济, 2008, (9): 118-128.
[9] Branson R. Re-constructing Kalundborg: The reality of bilateral symbiosis and other insights[J]. Journal of Cleaner Production, 2016, 112: 4344-4352.
[10] Morales E M, Diemer A, Cervantes G, et al. “By-product synergy” changes in the industrial symbiosis dynamics at the Altamira-Tampico industrial corridor: 20 Years of industrial ecology in Mexico[J]. Resources Conservation and Recycling, 2019, 140: 235-245.
[11] 黄新皓, 姜欢欢, 付饶, 等. 美国工业废水预处理制度实施经验及对我国的启示[J]. 环境与可持续发展, 2020, 45(1): 139-145.
[12] van Berkel R, Fujita T, Hashimoto S, et al. Quantitative assessment of urban and industrial symbiosis in Kawasaki, Japan[J]. Environmental Science & Technology, 2009, 43(5):

1271-1281.
[13] ICLEI. 日本引入新概念：城市低碳、可持续发展、生态与经济的协同发展[EB/OL]. http://eastasia.iclei.org/new/latest/21.html. 2018. [2022-02-13]
[14] Park J M, Park J Y, Park H S. A review of the National Eco-Industrial Park Development Program in Korea: Progress and achievements in the first phase, 2005-2010[J]. Journal of Cleaner Production, 2016, 114: 33-44.
[15] 韩国环境部门. 循环经济十年蓝图,基本资源循环计划制定[EB/OL]. http://www.me.go.kr/home/web/board/read.do?menuId=286&boardMasterId=1&boardCategoryId=39&boardId=907110. 2018. [2022-02-13]
[16] Europe Commission. A European Green Deal [EB/OL]. https://ec.europa.eu/info/strategy/priorities-2019-2024/european-green-deal. 2020. [2022-02-13]
[17] Cao X, Wen Z, Zhao X, et al. Quantitative assessment of energy conservation and emission reduction effects of nationwide industrial symbiosis in China[J]. Science of The Total Environment, 2020, 717: 137114.
[18] 王如忠, 郭澄澄. 基于共生理论的我国产业协同发展研究——以上海二、三产业协同发展为例[J]. 产业经济评论, 2017, (5): 44-54.
[19] 国务院办公厅. "无废城市"建设试点工作方案[EB/OL]. http://www.mee.gov.cn/home/ztbd/2020/wfcsjssdgz/dcsj/wfcszcwj/202006/t20200602_782280.shtml.2019. [2022-02-13]
[20] 生态环境部. 推动绿色发展(68): 小山城的"绿色崛起"[EB/OL]. http://www.mee.gov.cn/xxgk2018/xxgk/xxgk15/202004/t20200426_776366.html. 2019. [2022-02-13]
[21] 曹馨, 张怀荣, 陈庆华, 等. 产业共生推进节能减排协同管理的不确定性分析[J]. 福建师范大学学报: 自然科学版, 2020, 36(2): 1-11, 37.

第 4 章　产业共生技术优选的系统化决策：基于熵权 TOPSIS 的多属性评估

第 3 章阐述了建立全国“钢铁-水泥-电力”产业共生系统及自底向上节能减排潜力分析模型。然而实现产业共生技术的推广不仅需要考虑技术在节能、减排等环境效益方面的表现，还应综合其经济、技术等多方面性能，通过系统化决策制定较为科学的推广方案。本章选取消纳钢铁行业废弃物/副产品的 22 项主流技术，通过全面评估产业共生技术的能源、环境、经济、技术指标，采用熵权 TOPSIS 方法开展技术优选，为产业共生技术推广提供决策支撑。

4.1　产业共生技术优选的系统化决策

产业共生技术可以提高材料和能源的利用效率、消纳废弃物/副产品，从而实现节能减排：一方面，可以避免源行业（产生废弃物和副产品）直接排入环境介质中造成污染；另一方面，可以从源头替代汇行业生产所需的能源和资源投入，从而间接减少在生产、使用过程中的能耗和污染物排放。

发布行业先进技术目录是当前较为常见的技术推广措施[1, 2]，本书表 2-1、表 2-2 列举了我国当前主要的节能减排技术目录或指南。但是，这些技术目录一般涉及行业内的节点节能或末端治理技术（图 2-4），产业共生技术零星地分布在这些行业技术目录中。截至目前，专门的产业共生技术目录仍然很少，较为接近的是工信部于 2017 年发布的《国家工业资源综合利用先进适用技术装备目录》，该目录提出了 31 项工业固废利用技术鼓励推广应用，但是仍仅限于固废利用，未考虑二次能源和废气等其他介质类型的废弃物和副产品。为促进产业共生技术推广措施的落实，有必要通过系统化决策方法，识别最优的和值得推广的产业共生技术，使该措施充分发挥节能减排效果。

本书提出的技术优选是指将技术应用过程视作一个系统，基于对能源、环境、经济、社会等多方面因素的全面考虑，从而作出较佳的优选决策。需要注意的是，产业共生技术的作用机制与单行业节能减排技术不同。如前文所述，除减少能耗和污染物排放外，共生技术的一项重要功能是消纳源行业的废弃物和副产品，避免其直接对环境产生污染。因此，共生技术对废弃物/副产品的消纳能力也是一项重要评价指标。而目前为止，现行的技术目录一般仅包含技术的节能、减排及经济效益，并未考虑共生技术这一特征，可能会导致评估和选择共生技术时出现偏差。因此，有必要开发专门的适用于共生技术优选的系统化决策方法。

长期以来，节能减排技术评估问题都受到许多研究者关注，基于技术不同属性开展了多种方法和评价案例。例如，Wen 等[3]采用 ELECTRE-Ⅱ方法评估煤制甲醇行业最佳可行技术（best available techniques，BAT），考虑能耗、污染物排放和经济效益等技术指标。Cavallaro 等[4]以模糊法和三角熵权相结合的方法，基于技术、经济和环境绩效对太阳能集中发电技术进行综合评估。Zhang 等[5]设定了包含 18 项技术属性的评价体系，并利用 3 种多属性决策方法来评估可再生微型发电技术。除上述情况外，还有多种方法被应用到节能减排技术评估中（表 4-1），其技术评估标准主要是节能、减排效果以及经济效益。

表 4-1　部分技术评估研究

方法	方法描述	文献	研究对象	考虑的属性
ELECTRE（Ⅰ～Ⅳ）	识别各个评估对象的相对等级关系	[6]	地下水管道技术	投资成本、二次污染和对人群的健康效应等
		[7]	能源供应部门	能源的来源、成本、水耗
层次分析法	将决策有关的系统分解成目标层、准则层和方案层，按照 1～9 分确定各个评价对象的相对得分	[8]	渗滤液处理技术	COD 和氨氮排放量、运行成本、技术稳定性等
		[9]	智能微电网技术	燃料利用效率、电能供应稳定性、减排量等
TOPSIS	评估各个评价对象和正、负理想解的相对欧氏距离，从而判断它们的相对性能	[10]	可再生能源技术	经济、社会和环境等 16 项指标
		[11]	中国炼钢流程技术	人力资源、技术、市场建设、管理水平等 26 项指标
VIKOR	通过计算群体最大效用和每个个体的妥协值来对个体排序	[12]	船舶行业减排技术	技术成熟度、固定投资、二氧化硫、氮氧化物、温室气体和 PM 的减排，以及社会、经济因素
		[13]	农业废弃物的能源化利用技术	环境、技术、经济和社会共 15 项属性
专家打分法	参考专家意见给出评价	[14]	光伏技术	分析技术文件中出现关键词如“光伏”“太阳能”的频率
		[15]	太阳能利用技术	技术竞争力、可持续性、节能量、热力成本等 10 项属性

尽管当前学界已经取得了一些突破，但这些研究仍然存在两方面的局限性。首先，这些研究仍缺乏对产业共生技术专门性的研究。大多数研究都考虑了技术在能源、环境和经济方面的特征，缺乏对共生技术废弃物/副产品消纳能力指标的

考虑，这会使得共生技术评估结果可能会出现偏差，特别是对于那些可消纳大量废弃物/副产品，但节能减排效果不显著的技术。其次，很少有研究考虑技术参数的波动对评估结果的影响。由于测量的误差，技术应用案例的不同，或者技术性能由于运行成熟度带来的波动，技术的各项指标都可能趋于不稳定。这些技术的不稳定因素同时作用，会导致技术性能与理论结果发生较大偏差，从而影响评估结果。

为解决这一问题，本章采用多属性决策方法——熵权 TOPSIS 方法，首次针对产业共生技术展开评估，共包含 2 类 6 项指标。其次，引入随机抽样模块，采用拉丁超立方采样方法，在技术参数不确定的情况下开展评估。最后，基于产业共生技术评估结果，选择了年产 300 万 t 粗钢的企业作为案例，以量化技术优化方案实际应用的节能、减排和经济效果。

4.2 钢铁行业共生技术评估属性设置

第 3 章建立了完整的钢铁-水泥-电力技术清单，本章针对钢铁行业共生技术，识别主要废弃物/副产品消纳方式，共收集了 22 项共生技术（表 4-2，本章对各项技术重新编号）。

表 4-2 钢铁行业产业共生技术清单

编号	废弃物/副产品	产业共生技术	技术描述	产品
T1	焦炭显热	高温高压干熄焦技术	利用循环惰性气体与热焦交换热量以回收焦炭显热	蒸汽
T2	焦炉荒煤气	焦炉煤气脱硫制硫酸	从焦炉荒煤气的杂质中提取硫元素并用于制备硫酸	硫酸
T3	焦炉荒煤气	焦炉煤气提取煤焦油	从焦炉荒煤气的固体渣中回收煤焦油	煤焦油
T4	焦炉煤气	焦炉煤气与二氧化碳制取合成天然气	利用焦炉煤气中的碳氧化物和氢气催化反应生产合成天然气，并添加二氧化碳补充碳源	天然气
T5	烧结烟气显热	烧结烟气余热回收利用技术	利用冷水与烧结烟气交换热量以制造蒸汽	蒸汽
T6	烧结烟气显热	烧结余热能量回收驱动技术	将烧结余热汽轮机、烧结排风机与电动机同轴串联，直接驱动电动机运行	动能
T7	烧结矿显热	立式冷却装置回收烧结矿余热	立式冷却装置是烧结过程中的一种典型装置，可在其中采用导热性好的物料对烧结矿进行换热	蒸汽
T8	烧结矿显热	烧结矿显热用于烧结烟气 SCR 脱硝	利用显热加热 SCR 装置，使其达到还原 NO_x 所需的反应温度	热能
T9	高炉冲渣水显热	高炉冲渣水直接换热回收余热技术	将 65～95℃的冲渣水用于城市供暖系统	暖气

续表

编号	废弃物/副产品	产业共生技术	技术描述	产品
T10	高炉渣显热	高炉渣显热用于煤气化	利用高炉炉渣的显热来供应煤炭气化所需的热量	煤气
T11	高炉渣显热	高炉渣显热用于污泥汽化处置	利用高炉炉渣加热水处理过程中产生的湿污泥	污泥（气化）
T12	高炉炉顶压	干式 TRT	利用高炉顶压驱动发电机转动	电能
T13	高炉炉顶压	煤气透平与电动机同轴驱动高炉鼓风机技术	将高炉炉顶煤气压力直接用于驱动同轴电机	动能
T14	高炉煤气	高炉煤气吸附制一氧化碳	基于高炉煤气中不同组分气体的物理性质，吸附其中的一氧化碳	一氧化碳
T15	高炉煤气	高炉煤气+焦炉煤气 CCPP	利用高炉煤气、焦炉煤气和循环气流驱动发电机	电
T16	高炉煤气	高炉煤气锅炉发电	利用高炉煤气燃烧加热锅炉，驱动发电机发电	电
T17	高炉煤气	高炉及焦炉煤气制甲醇	以高炉煤气中的一氧化碳和氢气为原料，通过化学反应制备甲醇	甲醇
T18	高炉渣	高炉渣制硅酸盐水泥	在熟料中掺入高炉渣（20%～30%）以制备硅酸盐水泥	水泥
T19	高炉渣	高炉渣制微晶玻璃	在黏土、石灰石中掺入高炉渣（10%～20%）以制备微晶玻璃	微晶玻璃
T20	高炉渣	高炉渣制矿渣棉	掺入高炉渣（10%～20%）以制备矿渣棉	矿渣棉
T21	钢渣	钢渣制钢渣微粉用于水泥	在熟料中掺入钢渣（20%～30%）以制备硅酸盐水泥	水泥
T22	钢渣	钢渣制钢渣骨料	将钢渣压碎制成骨料	骨料

在确定评估的技术对象后应选取技术的评估属性，这是技术优选系统化决策的核心。技术评估属性既需综合反映技术本身的性能，也需同时覆盖管理部门推广和企业实际应用时关注的问题。本研究共选取产业共生技术的 6 个评估属性：消纳单位副产品节能量、消纳单位副产品 CO_2 减排量、副产品消纳效率、技术固定投资、技术投资回收期和技术普及率。其中，前三项技术评估属性是节能减排管理者关注的偏好，而后三项属性是企业偏好。

（1）属性一：消纳单位副产品节能量。

该属性旨在评估产业共生技术的节能效益。通常来说，共生技术可以通过回收二次能源、替代其他能源或物料投入来实现节能。前一种模式通常适用于回收电力或其他形式能源的共生技术，而资源循环利用技术通常适用于后一种。消纳单位副产品节能量越大，意味着技术在能源方面表现越优。

（2）属性二：消纳单位副产品 CO_2 减排量。

除了节能外，减少碳排放也是产业共生技术应用的重要贡献。与节能相类似，CO_2 减排效果也来自两种模式。直接减排来自共生生产方式相比于常规方式的改进，而间接减排来自节约的能源或资源而实现的减排。在计算间接减排时，一般采用排放因子法，如式（4-1）所示：

$$\mathrm{ER}_m = \mathrm{Con}_m \times \mathrm{EF}_m \tag{4-1}$$

式中，ER 是该技术消纳单位副产品的碳减排效果，单位为 kg/t；Con 是技术节约的能源或物料的量，单位为 kgce/t（能源）或 kg/t（物料）；m 是能源或物料的类型；EF 是 CO_2 排放因子。需要注意的是，除电力外的排放因子指燃烧过程的 CO_2 排放因子（如燃烧 1t 煤时的 CO_2 排放量），而电力和物料的排放因子指生产过程的 CO_2 排放因子（如生产 1kW·h 电时的 CO_2 排放量）。

（3）属性三：副产品消纳效率。

该属性为产业共生技术评估的特有属性。本研究对该属性的定义如下：对于消纳二次能源如余热、余压的技术，副产品的消纳效率即为能量回收效率；对于消纳物料的技术，副产品的消纳效率为物料被利用的质量比例。以高炉煤气消纳的技术为例，T15 技术消纳煤气的内能用于发电，那么该技术的消纳效率就是发电的能量与消纳高炉煤气的能量之比；T17 技术利用高炉煤气中的一氧化碳等物料生产甲醇，那么该技术的消纳效率就是用于生产甲醇的煤气组分占全部煤气的质量比例。

（4）属性四：技术固定投资。

固定投资是企业选择技术的主要壁垒，那是因为应用技术需要大量的资本投入，因此企业不得不承受更高的现金流量压力。较低的资金门槛会导致企业偏好。

（5）属性五：技术投资回收期。

尽管固定投资对技术选择具有重要意义，但技术投资回收期也是一项重要的经济指标，因为它对不同规模投资额的技术提供了可比对的经济指标。参考过去研究设立技术投资回收期的计算方法如式（4-2）所示：

$$T = m - 1 + \frac{\left|\sum_{i=1}^{m}(B_i - \mathrm{fI}) / (1+r)^t\right|}{(B_{m+1} - \mathrm{fI}) / (1+r)^{m+1}} \tag{4-2}$$

式中，T 是投资回报时间，单位为年；m 是累计现金流量为正的年份；fI 是固定投资，单位为元；B 是净经济收益（总经济收益减去运营成本和折旧），单位为元/年。此外，如果一项技术的净经济利益低于运营成本，则无法计算出投资回报时间。在这种情况下，则假设技术投资回报期为该技术的技术寿命。

（6）属性六：技术普及率。

这项属性主要反映技术的成熟度。通常情况下，具有较高市场份额的成熟技术意味着经济和安全风险较低，因此企业也倾向于应用这类技术。

为量化产业共生技术在各项属性的表现，需收集相关技术 2017 年的参数，如表 4-3 所示。

表 4-3　技术参数

编号	节能量（kgce/t）	CO_2减排量（kg/t）	副产品回收率（%）	固定投资（元/t）	运行费用（元/t）	收益（元/t）	普及率（%）
T1	12.65	64.00	36.20	130.00	18.89	34.64	80
T2	45.70	12.90	69.98	2.50	0.50	5.40	80
T3	19.00	6.70	76.92	2.50	0.50	10.90	90
T4	19.31	168.81	79	15.00	30.84	39.46	10
T5	8.07	20.00	72.97	12.23	6.93	9.18	40
T6	4.61	10.43	41.78	12.50	6.36	13.50	10
T7	11.94	42.98	34.31	2.39	0.00	2.44	20
T8	11.27	108.40	32.39	1.00	2.43	3.45	10
T9	7.12	18.83	21.06	13.00	1.29	3.02	10
T10	17.02	101.20	92.20	122.90	122.74	135.14	1
T11	11.88	26.43	64.35	2.50	5.70	15.27	15
T12	5.53	36.72	39.00	16.37	4.16	6.51	75
T13	6.35	52.16	44.80	23.08	12.37	25.85	20
T14	85.96	74.35	76.20	160.00	255.00	291.00	5
T15	76.75	509.62	51	164.45	93.25	189.92	30
T16	18.25	46.72	28	18.44	8.27	59.38	50
T17	94.62	45.50	10.86	22.42	63.72	120.84	20
T18	43.30	54.00	95	162.56	104.42	150.00	60
T19	67.20	150.53	83	7.20	180.00	220.00	20
T20	98.85	232.30	85	93.94	442.50	530.00	5
T21	8.35	144.00	80	24.62	19.57	27.93	50
T22	6.75	75.67	80	9.70	3.89	12.84	30

4.3　基于熵权 TOPSIS 的多属性决策方法

基于上述技术评估属性及其相应技术参数，本节采用熵权 TOPSIS 的多属性方法开展技术评估。其中，TOPSIS 方法的全称为基于理想解相似程度的偏好排序技术（technique for order preference by similarity to an ideal solution），简称优劣解距法，由 Hwang 和 Yoon[16]于 1981 年提出，广泛应用于行业、国家和区域层面的环境绩效评价。TOPSIS 方法的原理是测量每个评估对象属性得分构成的向量与理想解向量之间的距离：评估对象的向量在空间上越接近理想解，意味着其越接近最优，其综合性能也被认为是越好的。另外，为了避免主观权重带来的偏差，本研究引入了熵权机制来设置每项属性的权重。根据信息熵理论，如果一个系统的信息量更丰富或者说具有更高的信息熵，那么这个系统就更值得关注，也因而被赋予更高的权重。因此，本研究基于技术评估属性所具有的信息熵进行加权。基于熵权 TOPSIS 的多属性决策共分为 4 个步骤：决策矩阵标准化、确定属性权重、理想解生成和相对接近度计算。

4.3.1　决策矩阵标准化

原始的决策矩阵如式（4-3）所示：

$$\mathrm{DM}=\begin{pmatrix} p_{11} & p_{12} & \cdots & p_{1n} \\ p_{21} & p_{22} & \cdots & p_{2n} \\ \vdots & \vdots & \ddots & \vdots \\ p_{m1} & p_{m2} & \cdots & p_{mn} \end{pmatrix} \tag{4-3}$$

式中，DM 是决策矩阵；p 是评估对象在特定属性的取值；m 是评估对象数量；n 是属性数量。

标准化决策矩阵的目的是避免不同取值范围的属性对评估结果产生影响，同时保留不同个体取值的相对大小。通过式（4-4）和式（4-5）可实现原始决策矩阵的标准化处理，其中式（4-4）用于处理属性 1～3，式（4-5）用于处理属性 4～6。

$$p'_{ij}=\frac{p_{ij}-\min\limits_{i\in m}p_{ij}}{\max\limits_{i\in m}p_{ij}-\min\limits_{i\in m}p_{ij}} \quad \text{（在该属性下，}p\text{ 的取值越大越好）} \tag{4-4}$$

$$p'_{ij}=\frac{\max\limits_{i\in m}p_{ij}-p_{ij}}{\max\limits_{i\in m}p_{ij}-\min\limits_{i\in m}p_{ij}} \quad \text{（在该属性下，}p\text{ 的取值越小越好）} \tag{4-5}$$

基于此，得到标准化后的决策矩阵 SDM，如式（4-6）所示：

$$\mathrm{SDM}=\begin{pmatrix} p'_{11} & p'_{12} & \cdots & p'_{1n} \\ p'_{21} & p'_{22} & \cdots & p'_{2n} \\ \vdots & \vdots & \ddots & \vdots \\ p'_{m1} & p'_{m2} & \cdots & p'_{mn} \end{pmatrix} \tag{4-6}$$

4.3.2　确定属性权重

各项技术评估属性的权重由这项属性包含的信息熵决定，需采用一系列方法测算各项属性的信息熵。首先，对标准决策矩阵的每一列作归一化处理，如式（4-7）所示：

$$p''_{ij} = \frac{p'_{ij}}{\sum_{i=1}^{m} p'_{ij}} \tag{4-7}$$

其次，依据式（4-8）确定各个属性的信息熵：

$$E_j = -\frac{1}{\ln n} \times \sum_{i=1}^{m} p''_{ij} \times \ln(p''_{ij}) \tag{4-8}$$

式中，E 是属性的信息熵。需要注意的是，当 p''_{ij} 等于 0 时，$p''_{ij} \times \ln(p''_{ij})$ 无法计算，此时将其设为 0。

最后，各技术评估属性的权重可按照式（4-9）来确定：

$$w_j = \frac{1 - E_j}{n - \sum_{j=1}^{n} E_j} \tag{4-9}$$

式中，w 是各个属性的权重。

4.3.3　理想解生成

在计算得到熵权之后，下一步是计算标准化决策矩阵中每个属性的加权得分。计算方法如式（4-10）所示：

$$\mathrm{AP} = \mathrm{SDM} \times W = \begin{pmatrix} p'_{11} & p'_{12} & \cdots & p'_{1n} \\ p'_{21} & p'_{22} & \cdots & p'_{2n} \\ \vdots & \vdots & \ddots & \vdots \\ p'_{m1} & p'_{m2} & \cdots & p'_{mn} \end{pmatrix} \times \begin{pmatrix} w_1 & & & \\ & w_2 & & \\ & & \ddots & \\ & & & w_n \end{pmatrix} \tag{4-10}$$

其中，AP 是评估对象的得分矩阵，每一列是对应属性的得分值。基于以上得分矩阵，可以根据式（4-11）和式（4-12）得到正、负理想解：

$$\mathrm{is}^{+} = \max_{i \in m}(ap_{i1}, ap_{i2}, \dots, ap_{in}) \tag{4-11}$$

$$\mathrm{is}^{-} = \min_{i \in m}(ap_{i1}, ap_{i2}, \dots, ap_{in}) \tag{4-12}$$

4.3.4 相对接近度计算

该方法的最后一步是基于每一个评估对象和两个理想解之间的欧氏距离，计算得出评估对象的相对综合得分。这是 TOPSIS 方法和其他广泛使用的多属性决策方法的主要差别：该方法利用所有评估对象来构建相对的正、负理想解，并统计每个评估对象个体在所在属性的相对表现，从而得到个体最终的得分。因此，这个指标又被称为相对接近度。

相对接近度的计算分为两个步骤。第一步是计算欧氏距离，如式（4-13）和式（4-14）所示：

$$D_i^+ = \sqrt{\sum_{j=1}^{n}(\mathrm{is}_j^+ - ap_{ij})^2} \tag{4-13}$$

$$D_i^- = \sqrt{\sum_{j=1}^{n}(ap_{ij} - \mathrm{is}_{ij}^+)^2} \tag{4-14}$$

式中，D_i^+ 是评估对象和正理想解的欧氏距离；D_i^- 是评估对象和负理想解的欧氏距离。

最后，可以依据上述两个指标计算评估对象的相对接近度，如式（4-15）所示：

$$\mathrm{RC}_i = \frac{D_i^-}{D_i^+ + D_i^-} \tag{4-15}$$

式中，RC 是相对接近度。相对接近度的数值越大，表明评估对象离负理想解的距离越远，而离正理想解越近，可以认为该对象越趋近于最优解，因此该对象是更优的。

4.4 随机采样

如前所述，技术参数的不稳定可能会导致理论评估结果与实际情况之间产生重大偏差。这种现象在使用基于熵权 TOPSIS 的多属性决策方法时尤其明显，这是因为最优和最差理想解不依赖于技术系统，而是取决于各个评估对象。此外，由于熵权的特殊机制，各个属性的权重受到参数取值的影响，这种不稳定性会影响正、负理想解的值，从而影响所有方案的评价结果。因此，为了避免这种偏差，有必要对技术的各项参数取值开展随机采样。

本研究引入拉丁超立方采样方法[17]对产业共生技术的参数进行随机采样。这种方法的原理是将整个采样空间划分为一系列立方体，同时对各个不稳定属性取值进行采样。利用这种随机采样方法，本研究开展技术评估的步骤如下：

第 1 步：基于产业共生技术的原始参数，直接采用熵权 TOPSIS 方法评估技术的原始性能。

第 2 步：设定技术参数的波动上下限。本研究设定 90%的初始参数作为下限，110%的初始参数作为上限，共需对 132 个参数进行采样（22 个共生技术，每个技术 6 个属性）。

第 3 步：对这 132 个参数开展采样，得到 1 万个技术样本。

第 4 步：对每个样本重复第 1 步，得到技术评估结果的随机分布。

第 5 步：比较初始工艺参数和样品的技术结果，验证技术参数不稳定性是否对评估结果产生影响。

4.5　产业共生技术体系评价

熵权 TOPSIS 方法可以通过相对接近度的指标，评估每种产业共生技术的综合性能。然而，不同的利益主体对技术偏好有所不同，例如，环境保护部门更关注技术对污染治理的贡献，而企业更关注技术的经济效益和稳定性。因此，对不同的利益主体，对于某家钢铁企业最适合的技术方案在选择上会有所不同。因此，基于不同的决策偏好，产业共生技术选择方案及其对应的能源、环境和经济效益会有显著差异。

本节以一家年粗钢产量达 300 万 t 的长流程钢铁企业为例（企业关键产品、副产品产量见表 4-4），基于技术评估结果，根据生态环境部门和企业偏好选择实际产业共生技术的应用方案。在此基础上，通过定量分析方法评价技术应用方案的能源、环境和经济效益，如式（4-16）～式（4-18）所示：

$$\mathrm{TEC}=\sum_i \mathrm{Con}_i \times \mathrm{BP}_i \tag{4-16}$$

$$\mathrm{TER}=\sum_i \mathrm{ER}_i \times \mathrm{BP}_i \tag{4-17}$$

$$\mathrm{TEB}=\sum_I B_i-\mathrm{FI}_i \times \frac{1-\left(\frac{1}{1+r}\right)^{\mathrm{TL}}}{1-\frac{1}{1+r}} \tag{4-18}$$

式中，TEC 是总节能量；TER 是总减排量；TEB 是总经济效益；TL 是技术寿命。

表 4-4　年产 300 万 t 钢铁企业的主要产品、副产品产量

产品类型	产品	年产量
工序产品	焦炭	105.2 万 t
	烧结矿	287.4 万 t
	球团	143.6 万 t
	生铁	278.1 万 t
	粗钢	296.4 万 t
	钢材	280.3 万 t
副产品	焦炭显热	1076.2TJ
	焦炉煤气	3.8 亿 m^3
	烧结矿显热	2931.4TJ
	烧结烟气余热	976.9TJ
	高炉渣余热	1465.5TJ
	高炉冲渣水余热	921.8TJ
	高炉炉顶余压	1155.5TJ
	高炉煤气	41.7 亿 m^3
	高炉渣	93.2 万 t
	钢渣	42.7 万 t

4.6　产业共生技术优选系统化决策结果

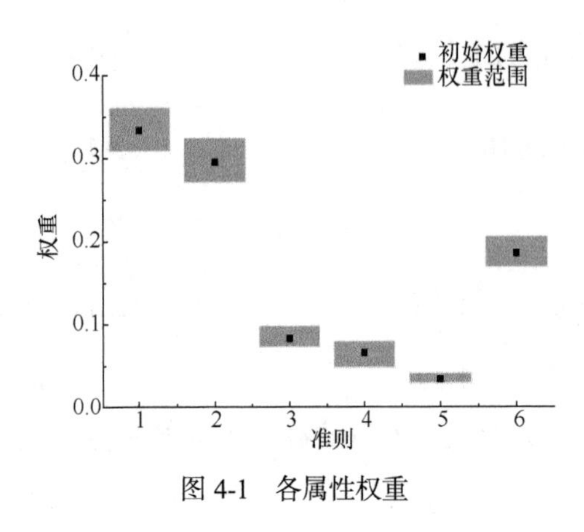

图 4-1　各属性权重

4.6.1　最优产业共生技术筛选

基于上述权重计算方法，每个准则的权重设置结果如图 4-1 所示。在原始技术参数下，属性 1 和属性 2 的权重分别为 0.334 和 0.296，采样后的样本权重范围分别为 0.309～0.360 和 0.272～0.324。这两个属性的权重最高，反映了各项技术的节能量和 CO_2 减排量的性能差异最为显著。此外，技术普及率属性在 3 个企业偏好准则中权重最高，在原始技术参数下权重为 0.189，采样后的样本权重范围为 0.170～0.204。通过比较各个属性的原始权重和采样后的权重范围，可以发现样本的权重范围的中心与原始权重大约有 10%的波动。因此，可以认为技术参数的不确定性对评价权重的结果有一定影响。

其次是评估每种产业共生技术的相对接近度指标（图 4-2），各技术的相对接近度指标差别很大，在 0.1～0.8 不等。相对接近度指标最高的 3 项技术为 T15（高炉煤气+焦炉煤气 CCPP 发电）、T20（高炉渣制矿渣棉）和 T17（高炉及焦炉煤气制甲醇），而总体性能最差的 3 项技术分别为 T9（高炉冲渣水直接换热回收余热技术）、T6（烧结余热能量回收驱动技术）和 T13（煤气透平与电动机同轴驱动高炉鼓风机技术）。

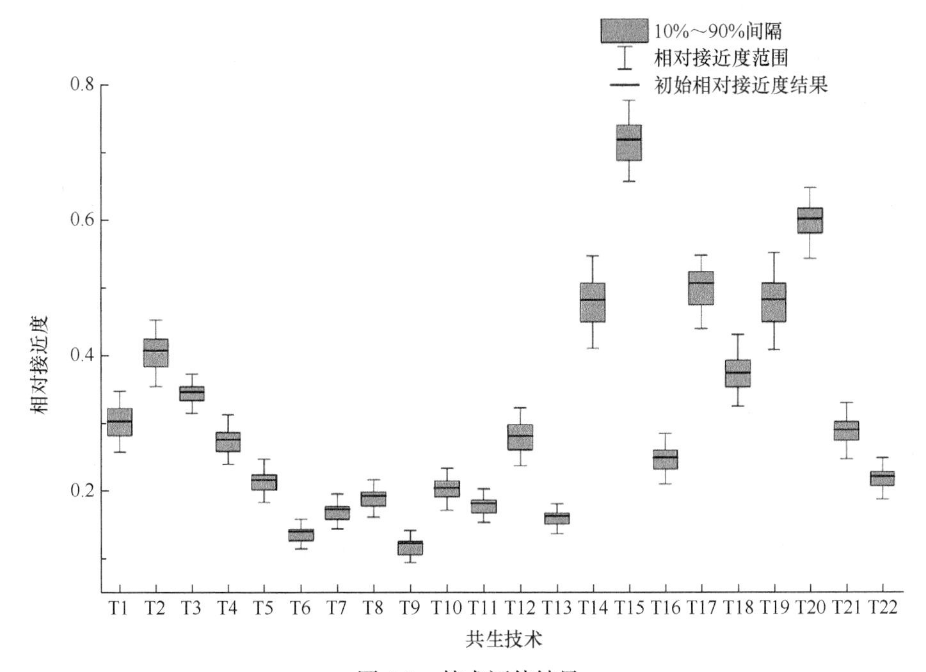

图 4-2　技术评估结果

结果表明，消纳炼铁工艺副产物的技术整体性能在全部工艺中是最优的。究其原因，一是炼铁过程中的副产品，如高炉煤气、高炉渣等的产量较高，通过大规模回收利用可以获得规模效益；二是高炉炼铁工艺的副产品回收利用具有较长发展历程，而高炉煤气用作热电联产原料也有了几十年的发展历史。因此，高炉炼铁工艺副产物的产业共生技术经历了一个长期的发展过程，技术上趋于成熟。

通过对初始相对接近度与随机抽样样本接近度指标范围的比较，可以发现共生技术（如 T3～T11、T17～T22）的初始相对接近度大多大于随机抽样结果范围的均值。这一结果印证了不确定度分析的必要性，以初始技术参数为中心的波动样本（下限 90%，上限 110%）的评估结果范围均值相比忽略不确定性偏差的评估结果存在偏差。这也从侧面证明技术参数的波动对权重和正、负理想解的影响，应充分考虑其中的不确定因素，从而做出最优的系统化决策。

4.6.2　产业共生技术优选方案及效果评价

不同利益相关者的技术偏好会导致最终技术优选方案的不同。因此，为制定钢铁工业企业的最终技术选择方案，本研究分别考虑了三种偏好类型下各技术的相对接近度指标。三种偏好分别为：环境管理偏好（environmental manager preference，EMP），偏好属性 1～3；企业偏好（enterprise preference，EP），偏好属性 4～6；综合偏好（integrated preference，IP），对六个属性偏好权重相同。结果如图 4-3 所示，每个点的横/纵坐标表示技术在前两种偏好类型下的相对接近度数值，大多数技术在企业偏好标准中的得分要优于环境偏好。一方面，技术之间的经济性能和普及率的偏差小于环境指标的偏差，因此该偏好下的技术属性向量接近正理想解。另一方面，环境指标是技术综合得分的制约因素，因此产业共生技术的主要发展方向是提高能源利用效率，减少污染物排放和提高副产品回收量。

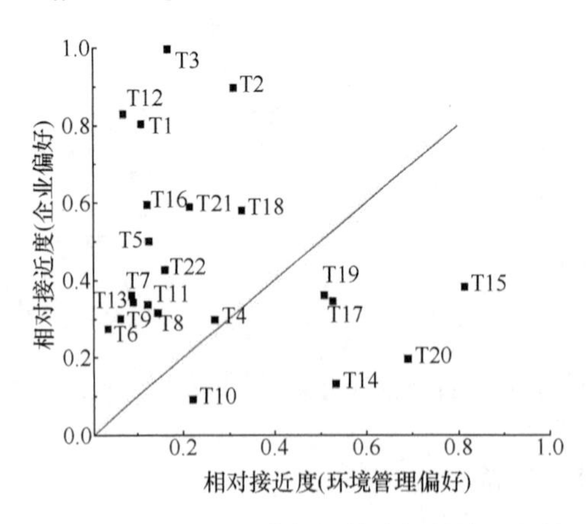

图 4-3　EMP 和 EP 偏好下技术相对接近度得分情况

根据上述技术评估结果，可以为钢铁企业制定三种偏好下的共生技术选择方案，对每种副产品选择该偏好下得分最高的产业共生技术，如表 4-5 所示。三种偏好均选择了 12 种共生技术来消纳案例企业中的副产品，其中 EMP 和 IP 偏好下的共生技术选择相同，而与 EP 偏好下的方案有 5 项技术不同。在 EMP 和 IP 方案下，分别采用 T8、T10、T13、T15 和 T20 技术处理烧结矿显热、高炉渣显热、高炉炉顶压、高炉煤气和高炉渣；而在 EP 方案下，采用 T7、T11、T12、T16 和 T18 技术来处理这些副产物。

表 4-5　共生技术选择方案

偏好	技术选择
EMP、IP	T1～T5，T8～T10，T13，T15，T20，T21
EP	T1～T5，T7，T9，T11，T12，T16，T18，T21

依据式（4-16）～式（4-18）评估了上述产业共生技术选择方案的能源、环境和经济效益（图 4-4）。因为技术参数存在不稳定因素，图中的误差线显示了不同技术采样方案下的效益范围。可以看出，在不同偏好下节能量、CO_2 减排量和年经济效益之间存在较大差异。这说明环境管理目标之间存在协同和冲突关系，因为某一种产业共生技术方案的改变，可能同时影响多个能源、环境和经济目标，因此找到实现环境影响整体最优的途径十分必要。

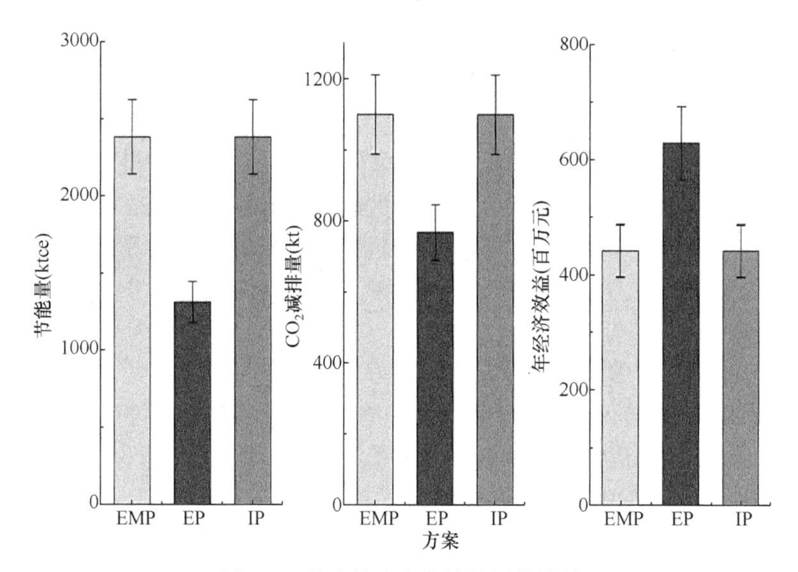

图 4-4　共生技术方案效益评估结果

基于上述结果提出两点政策建议：

（1）建议制定先进产业共生技术目录。现行工业节能减排先进技术目录未单独考虑共生技术，不利于共生技术的推广。产业共生技术目录既可为企业处置工业副产品提供备选技术方案，也能支撑地方政府规划布局工业园区。例如，4.6.1 节的结果表明，水泥、发电、化工等企业可高效处置钢铁企业产生的二次能源、废气和固废等副产品，可据此科学布局以钢铁企业为核心的生态工业园区。

（2）建议制定针对性的共生技术推广策略以促进企业应用。目前，我国政府已采取经济刺激手段促进先进的清洁生产和可持续能源技术应用[18, 19]，但鲜有推进产业共生技术推广应用的政策。可采取废弃物处置补贴、退税和放宽市场准入条件等措施，给予企业应用技术的经济激励。这一政策对于尚未成熟的新生技术（如 T14 和 T20）尤为有效。另外，应着重支持性能较差技术的研发和创新。例如，当前所有烧结过程中的显热利用技术（T5～T8）的相对接近度指标均较低，建议优先资助烧结矿或烧结烟气显热回收利用类技术的研究。此外，经济刺激措施还有利于推广 T1、T10 等高投资成本技术。

4.7 本章小结

本章关注共生技术优选的系统化决策问题，采用基于熵权 TOPSIS 的多属性决策方法，设置了二类六项属性，系统全面地评估钢铁行业 22 项产业共生技术的性能，并以一家年产量 300 万 t 的典型钢铁企业为例，量化不同偏好下的技术优选方案可实现的能源、环境、经济效益。本章的主要结论如下：

（1）产业共生技术的综合属性差异较大。六项技术属性权重范围介于 0.03～0.36，其中消纳单位副产品节能量、消纳单位副产品 CO_2 减排量两项属性的权重最大，表明环境属性对产业共生技术综合性能的影响最显著；22 项产业共生技术的综合性能得分介于 0.1～0.8，其中综合性能最优异的技术为高炉炼铁工艺副产品的消纳技术（T15、T17 和 T20），而烧结工艺余热的利用技术（T6～T8）性能相对较差。

（2）产业共生技术方案可满足不同偏好下的企业节能减排需求。在环境管理偏好、企业偏好和综合偏好等三类属性偏好约束下，研究筛选了可消纳年产 300 万 t 粗钢企业的副产品的最优技术组合，并测算其能源、环境、经济效益。结果表明，三类属性偏好下均有 12 项技术被选作最优技术方案，它们可实现 110 万～270 万 tce 节能、70 万～120 万 t 碳减排和 4 亿～7 亿元的经济效益，具有较好的推广价值。根据上述结果提出两点政策建议，包括制定先进产业共生技术目录和促进产业共生技术的推广应用。

参考文献

[1] Schollenberger H, Treitz M, Geldermann J. Adapting the European approach of Best Available Techniques: Case studies from Chile and China[J]. Journal of Cleaner Production, 2008, 16(17): 1856-1864.

[2] Tan X C, Li H, Guo J X, et al. Energy-saving and emission-reduction technology selection and CO_2 emission reduction potential of China's iron and steel industry under energy substitution policy[J]. Journal of Cleaner Production, 2019, 222: 823-834.

[3] Wen Z G, Meng F X, Di J H, et al. Technological approaches and policy analysis of integrated water pollution prevention and control for the coal-to-methanol industry based on Best Available Technology[J]. Journal of Cleaner Production, 2016, 113: 231-240.

[4] Cavallaro F, Zavadskas E K, Streimikiene D, et al. Assessment of concentrated solar power (CSP) technologies based on a modified intuitionistic fuzzy topsis and trigonometric entropy weights[J]. Technological Forecasting and Social Change, 2019, 140: 258-270.

[5] Zhang C H, Wang Q, Zeng S Z, et al. Probabilistic multi-criteria assessment of renewable

micro-generation technologies in households[J]. Journal of Cleaner Production, 2019, 212: 582-592.

[6] An D, Xi B D, Ren J Z, et al. Sustainability assessment of groundwater remediation technologies based on multi-criteria decision making method[J]. Resources Conservation and Recycling, 2017, 119: 36-46.

[7] Martínez-García M, Valls A, Moreno A, et al. A semantic multi-criteria approach to evaluate different types of energy generation technologies[J]. Environmental Modelling & Software, 2018, 110: 129-138.

[8] Zhang L Y, Lavagnolo M C, Bai H, et al. Environmental and economic assessment of leachate concentrate treatment technologies using analytic hierarchy process[J]. Resources Conservation and Recycling, 2019, 141: 474-480.

[9] Alaqeel T A, Suryanarayanan S. A fuzzy Analytic Hierarchy Process algorithm to prioritize Smart Grid technologies for the Saudi electricity infrastructure[J]. Sustainable Energy Grids and Networks, 2018, 13: 122-133.

[10] Ligus M, Peternek P. Determination of most suitable low-emission energy technologies development in Poland using integrated fuzzy AHP-TOPSIS method[J]. Energy Procedia, 2018, 153: 101-106.

[11] Jiang Y G, Zhang J, Asante D, et al. Dynamic evaluation of low-carbon competitiveness (LCC) based on improved Technique for Order Preference by Similarity to an Ideal Solution (TOPSIS) method: A case study of Chinese steelworks[J]. Journal of Cleaner Production, 2019, 217: 484-492.

[12] Ren J Z, Lützen M. Fuzzy multi-criteria decision-making method for technology selection for emissions reduction from shipping under uncertainties[J]. Transportation Research Part D: Transport and Environment, 2015, 40: 43-60.

[13] Wang B, Song J N, Ren J Z, et al. Selecting sustainable energy conversion technologies for agricultural residues: A fuzzy AHP-VIKOR based prioritization from life cycle perspective[J]. Resources Conservation and Recycling, 2019, 142: 78-87.

[14] Moro A, Boelman E, Joanny G, et al. A bibliometric-based technique to identify emerging photovoltaic technologies in a comparative assessment with expert review[J]. Renewable Energy, 2018, 123: 407-416.

[15] Nasirov S, Agostini C A. Mining experts' perspectives on the determinants of solar technologies adoption in the Chilean mining industry[J]. Renewable and Sustainable Energy Reviews, 2018, 95: 194-202.

[16] Hwang C L, Yoon K. Multiple Attribute Decision Making Methods and Applications[M]. Berlin: Springer-Heidelberg, 1981.

[17] McKay M D, Beckman R J, Conover W J. Comparison of three methods for selecting values of input variables in the analysis of output from a computer code[J]. Technometrics, 1979, 21(2): 239-245.

[18] Liu D H, Gao X Y, An H Z, et al. Supply and demand response trends of lithium resources driven by the demand of emerging renewable energy technologies in China[J]. Resources Conservation

and Recycling, 2019, 145: 311-321.
[19] Zhang F, Gallagher K S. Innovation and technology transfer through global value chains: Evidence from China's PV industry[J]. Energy Policy, 2016, 94: 191-203.

第5章　企业节能减排系统化决策方法及应用

与技术优选类似，企业级节能减排系统化决策的关键在于比对行业中各个企业单元的能耗、污染排放性能，从而识别企业环境绩效的相对优劣。然而，与技术单元具有直接的、可量化的性能指标不同，企业实际上是物质、能量的代谢转换载体——企业以特定的物质作为原料，在能源驱动下生产得到产品并排放污染物。企业存在规模、能源结构、产品结构等差异，因此企业的节能减排管理不可简单依靠指标比对，需要通过综合企业物质、能量的投入产出关系，系统评估企业的环境效率，从而识别需重点管理的企业。数据包络分析（data envelopment analysis，DEA）类方法适用于这类问题的求解。钢铁是流程性行业，企业单元可划分为各个工艺设备，本章创新性地开展了以工艺为单元的效率评估，识别各个钢铁企业的“短板”工艺，以作出更精准的节能减排决策。

5.1　企业环境效率评估研究现状

不同于单一目标的环境管理，企业系统化管理需要综合考虑体系变动对能源、环境、经济等各方面目标的综合影响，从而寻找对企业最高效的节能减排管理措施。具体而言，企业系统化管理首先需要将企业整体视为一个系统，分别考虑物质、能量的输入和输出过程，开展综合环境效率评估。评估结果可以体现系统的整体效率趋势，有助于识别效率较低的企业，进而辅助决策者制定出有针对性的环境管理政策。

钢铁工业是全球经济社会发展的支柱产业。2017年，全球生产了超过17亿t粗钢，其中中国的产量占一半以上[1]。钢铁企业的高能耗、高污染特性对当地环境构成了较大压力[2-4]。为应对上述问题，除制定统一的行业节能减排管理政策外，识别能耗、污染物排放表现较差的企业，针对性地提出改进措施尤为必要。长期以来，作为一种系统反映环境特征的指标，环境效率评估一直是研究热点。现行主流的环境效率评估方法包括参数方法（以随机前沿分析为代表）和非参数方法（以数据包络分析为代表）两种。已有很多学者聚焦于工业能源与环境效率领域，应用上述两种方法开展了国家、地区、企业层级的能源、环境效率评估研究。

在国家层面，通常把某个时期或不同行业视为决策单元（decision making unit，DMU）。例如，Wang等结合物料守恒法和DEA方法评估了2006～2015年中国火电行业的能源效率[5]。Li 和 Shi 通过 Super-SBM 和 Tobit 回归模型研究了 2001～2010 年 36 个行业的环境效率[6]。Sueyoshi 和 Goto 设计了几种 DEA 模型，评估了 2013～2015 年日本 5 个行业的环境效率[7]。一些学者研究对比了各国产业环境效率，例如，Hu 和 Honma 使用 SFA 和 DEA 方法调查了 10 个发达国家 10 个行业的环境效率[8], Bampatsou 和 Halkos 发现近 23 年来日本工业环境效率较其他国家更高[9]。

在区域层面，已有大量成果涉及工业环境效率的空间不平衡问题的研究，并针对不同区域提出了相应的政策建议。Lin 等借助 SFA、DEA 和 Malmquist 指数等多种方法，对中国各省份钢铁[10, 11]、化学[12]、造纸[13]、有色金属[14]、房屋建筑[15]和冶金工业[16]等行业的能耗与污染物排放效率展开研究，确定效率得分较高的省份，划分整体表现并分析其影响因素，进而评估节能减排潜力。Feng 等通过共同边界 DEA 法探究了中国 30 个省份的金属工业全要素绿色生产效率，并将这种效率的变化分解为技术变革、技术差距比率变化、规模效应和纯技术效率等[17]。Xie 等建立了一个环境网络 DEA 模型，对中国省级发电行业进行实证研究[18]。这些研究探究了工业环境效率的时空差异，并采用相关统计信息模拟工业节能减排潜力，但仅关注行业宏观表现，无法针对单个企业提出提升环境效率的具体建议。

开展企业环境效率评估时，DEA 等非参数方法比参数方法更有优势。这是由于不同企业的产品结构、生产工艺等差异巨大，对现实中的投入产出参数关系开展拟合时可能存在一定结构性偏差，所以 DEA 等非参数方法在企业级的研究中应用更广泛。大多数研究将一系列企业设置为决策单元，设置能源、劳动力、资本作为投入，工业产品作为期望产出，污染物排放作为非期望产出。为分析生产效率和污染控制效率，部分研究将整个企业划分为两个子系统，采用双阶段 DEA 模型来评估其表现[19, 20]。表 5-1 总结了其他企业层面环境效率评估的研究进展。

表 5-1　企业层面环境效率评估的研究进展

研究	问题描述	方法
Chen 等[19]，2017	将钢铁企业分为生产和污染控制子系统，分别评估它们的环境效率	两阶段 SBM &回归模型
Wu 等[20]，2017	比较将钢铁企业视作整体以及分为铁前-铁后工序对评估结果的影响	SBM &两阶段 DEA 模型
He 等[21]，2013	在考虑非期望产出（二氧化硫、氮氧化物、烟粉尘排放）的情况下评估 50 家中国钢铁企业在 2001～2008 年的环境效率	CCR 模型& Malmquist-Luenberger 生产指数
Gong 等[22]，2017	对 4 家企业的综合环境效率开展评估，并寻求最优效率改进规划路径	DEA &非线性规划
Moon 和 Min[23]，2017	考虑节能措施对企业能源效率的影响	两阶段网络 DEA 模型&启发式算法

然而，鲜有研究开展工艺层面的环境效率评估，这导致企业层面的节能减排管理面临两方面的不足：其一，由于工艺的环境效率研究较少，难以识别一些需要被重点改善的工艺流程。企业由多个工艺组成，精确识别短板“工艺”并相应提高其环境效率可以给企业带来最大的边际效益，而识别每个企业的短板流程将推动行业整体环境效率的提升。目前，由于缺乏工艺环境效率研究，工业系统通常被当作一个黑箱来考虑，难以根据现有结果寻找短板工艺，制定工艺的差异化环境政策的难度也较大。其二，企业的不同工艺结构会引起评估结果的偏差。不同工艺之间投入、产出、污染物排放的差别很大（例如，二氧化硫是烧结工艺中的主要污染物，氮氧化物是炼焦工艺的主要污染物，颗粒物则是炼铁工艺的主要污染物）。不同企业采用的工艺也有较大差异，例如，有些企业生产焦炭，而有些企业则外购焦炭。在此情况下，有无炼焦工艺将会显著影响钢铁企业的投入产出结构，其环境效率结果可能无法真实地反映其技术或工艺的清洁生产水平。

在研究方法的选择方面，Bootstrap-DEA 方法是一种常见的方法，结合传统 DEA 模型和 Bootstrap 采样法于一体，使其可以有效避免小规模样本导致的参数不确定性。许多研究都引入了 Bootstrap-DEA 方法来开展环境效率评估。例如，Song 等已采用 Bootstrap-DEA 评估了金砖五国（巴西、俄罗斯、印度、中国和南非）的能源效率[24]。Wang 等通过这种方法评估了北京工业部门 35 个子行业的环境效率[25]。也有研究对 Bootstrap-DEA 和其他 DEA 方法进行了对比：Cui 等分别使用三阶段 DEA 和 Bootstrap-DEA 方法来计算煤矿行业的环境效率得分，发现两种方法之间的偏差在 0.008～0.974[26]。Yang 等结合了网络 DEA 模型和 Bootstrap-DEA 方法来识别中国钢铁产业环境效率的区域性差异[27]。但是，少有研究将 Bootstrap-DEA 用于对不同企业、不同工艺的环境效率评估中。

本研究首先对中国钢铁工业开展工艺级别的数据包络分析，创新性地针对钢铁企业生产的五个工艺（烧结、炼焦、炼铁、炼钢和轧钢）建立了各自的投入产出结构，并分别分析其环境效率。这种工艺层面的 DEA 有助于精确识别节能减排路径，帮助环境决策者找到各企业的短板工艺，并避免由于企业结构不同造成的评估偏差。其次，在传统的 DEA 模型之外，本研究还采用 Bootstrap-DEA 方法以避免企业和工艺小样本数据带来的不确定性。最后采用回归模型来识别影响环境效率的关键因素，找寻提高环境效率的策略。

5.2　案例企业概况

参考中国钢铁行业的统计资料，本研究选择了 54 家钢铁企业作为研究对象。选择这些企业样本有两个原因：一是这 54 家企业的粗钢产量约占 2017 年全国粗钢产量的 50%，是中国钢铁行业的重点企业；二是这 54 家企业涵盖了各种类型，规模大小不一（粗钢年产量从 30 万 t 到 3000 万 t 不等），产品类型多样（包括普通钢、特殊钢、铸管和轮毂等）。因此，这些企业在中国钢铁工业中具有较高的代表性。

根据企业的空间分布，将企业编号为 N1～N22（北部地区）、C1～C19（中部地区）和 S1～S13（南部地区）。这 54 家企业共有的工艺流程为烧结、炼铁、炼钢。同时，仅 30 家企业具有炼焦工艺，46 家企业具有轧钢工艺（故下文炼焦、轧钢工艺的描述性统计信息仅包含这些企业）。总体来看，54 家企业的平均烧结矿产量为 1040 万 t，平均职工达到 13700 人，平均企业年新水消耗约为 2070 万 m^3。这些企业的描述性统计信息参见表 5-2。

表 5-2　54 家企业主要参数描述性统计（2017 年）

参数	均值	最小值	最大值	标准差
烧结矿产量（Mt）	10.4	0.6	33.7	8.1
焦炭产量（Mt）	2.86	0.5	7.9	2.1
生铁产量（Mt）	7.0	0.4	26.2	5.9
粗钢产量（Mt）	7.5	0.7	28.4	6.9
钢材产量（Mt）	7.1	0.3	29.8	6.7
劳动力（千人）	13.7	1.9	68.8	14.0
环保投资（百万元）	245.9	80.0	2411.7	561.3
企业能耗（Mtce）	3875.9	140.0	17522.6	3894.0
企业年新水消耗量（Mm^3）	20.7	3.0	106.8	24.0
企业 SO_2 排放量（t）	4176.5	244.0	12449.0	3002.0
企业 NO_x 排放量（t）	7193.3	140.0	24777.0	5779.0
企业颗粒物排放量（t）	4315.9	86.0	22655.0	3917.7
企业废水产生量（Mm^3）	454.1	1.9	2720.5	675.1

5.3　基于数据包络分析的环境效率评估方法

5.3.1　投入产出结构设定

为精确评估各个 DMU 的环境效率，本研究基于资源消耗与污染物排放特征、数据的可获取性两大因素，分别设定了企业级与工艺级的投入、期望产出、非期望产出变量，构建投入产出结构。

在企业层面，职工数量、能源消耗和新水消耗变量视为输入。职工是企业运营的基础，而能源和水是支撑钢铁产品生产的两大主要资源。钢铁产品作为钢铁工业的主要生产对象，视作期望产出。非期望产出变量主要为废气排放量和废水产生量。

在工艺层面，各个工艺流程的输入、期望产出、非期望产出变量如表 5-3 所示。能源与前序工艺产品视作输入变量，当前工艺产品视作期望产出，污染物排放视作非期望产出。需要注意的是，如第 3 章所述，工艺生产中产生的副产品可作为原料进行资源化利用，而粗放式处理又可能给环境造成污染。鉴于钢铁企业内部通常回收气态的副产品（如煤气等）作为燃料，而无法独立处置工业废渣，本研究将气态副产品（如炼焦炉煤气、高炉煤气和转化气）作为期望产出，将固体废弃物（如烧结粉尘、高炉矿渣和钢渣）作为非期望产出。

表 5-3　各工艺流程的输入、期望产出和非期望产出变量

流程	决策单元总数	输入	期望产出	非期望产出
烧结	54	能耗；劳动力	烧结矿	SO_2、NO_x、PM 排放；烧结粉尘
炼焦	30	能耗；劳动力	焦炭；焦炉煤气	SO_2、NO_x、PM 排放
炼铁	54	能耗；劳动力；烧结矿	生铁；高炉煤气	NO_x、PM 排放；高炉渣
炼钢	54	能耗；劳动力；生铁	粗钢；转炉煤气	PM 排放；钢渣
轧钢	46	能耗；劳动力；粗钢	钢材	SO_2、NO_x、PM 排放；氧化铁皮

5.3.2　数据包络分析法

数据包络分析（DEA）法是衡量决策单元有效性的实用方法，可用于评价一组具有多个投入、多个产出的决策单元之间的相对效率。在过去的几十年中，研究者已经开发出许多 DEA 模型，并广泛应用于效率评估研究中。其中，CCR 模型与 BCC 模型是 DEA 方法的代表性模型，两者的区别在于规模收益作为常数还是变量考虑。同时，DEA 模型中的径向模型与非径向模型之间的差异在于距离函数是否有方向[28]。此外，研究者还开发出基于松弛变量的模型（slack-based measure, SBM）[29]，来解决投入或产出变量单位不一致情况下的效率评价问题。

由于系统的污染排放（如污水或固体废物污染排放）是影响环境效率的重要因素，环境决策者通常需要考虑系统的非期望产出。在这种情况下，对非期望产出的不同处理方式可能会影响评估结果。根据综述文献[30]，有下述四种处理方式：直接忽略非期望产出；将其视为一种输入；转化后（如求倒数后）作为期望产出；对模型开展修正。其中，目前广泛应用的是将其视为输入变量和修正模型的方法。因此，本研究分别采用这两种处理方法的代表性 DEA 模型（BCC 模型和 SBM 模型）来分析不同处理方式对评估结果的影响。这两种模型在评估环境效率领域已经相对成熟，因而适合本研究的计算。

BCC 模型，由 Banker、Charnes 和 Cooper 开发[31]，在传统 CCR 模型[32]基础上加以改进而来。该模型的原理是分别考虑纯技术效率和规模效率：纯技术效率来自产量提升和管理进步，而规模效率反映了系统的规模效应。本模型将非期望产出视为输入。

BCC 的主要流程如下：假设有 n 个 DMU，分别使用 m 种投入（x_{ij}）生产出 s 种产出（y_{rj}）。BCC 模型的双重形式在式（5-1）中列出。由于能源、资源、劳动力等投入通常可调控，而污染物等非期望产出不可调控，故本研究使用投入导向模型。

$$
\min \theta
$$
$$
\text{s.t.}\begin{cases}\sum_{j=1}^{n}\lambda_j x_{ij} \leqslant \theta x_{i0}, i=1,2,\cdots,m;\\ \sum_{j=1}^{n}\lambda_j y_{rj} \geqslant y_{r0}, r=1,2,\cdots,s;\\ \sum_{j=1}^{n}\lambda_j = 1;\\ \lambda_j \geqslant 0, j=1,2,\cdots,n\end{cases} \tag{5-1}
$$

式中，θ 是 DMU 的效率得分。如果 θ=1，则表示为了保持同等输出水平不可再减少 DMU 的输入，该 DMU 处于生产前沿，也即意味着该 DMU 是有效的。如果 θ<1，则该 DMU 不是有效的，实际产出和理想产出之间还存在差距。式中 x_{i0} 和 y_{r0} 分别是被评估 DMU 的输入和输出变量；λ_j 代表每个 DMU 的权重。由于 BCC 模型未对期望产出和非期望产出进行分类，使用该模型处理非期望产出时通常将非期望产出直接视为输入，这是因为减少投入与减少非期望产出一样，都可以提高环境效率。

另一种常用模型是 SBM——基于松弛变量的模型。SBM 模型是一种非径向方法，适用于对输入和输出不成比例变化的 DMU 的效率评估。Tone 在 2001 年提出原始的 SBM 模型[29]，后来又开发出将产出分类为期望产出和非期望产出的改良版模型。在该模型中，仍然假设有 n 个 DMU，每个 DMU 都有 m 个输入（x_{ij}），q_1 个期望产出（y_{rj}^{g}）和 q_2 个非期望产出（y_{tj}^{b}）。SBM 模型的方程如式（5-2）所示：

$$\min \rho=\frac{1+\frac{1}{m}\sum_{i=1}^{m}\frac{s_i^-}{x_{ij}}}{1+\frac{1}{q_1+q_2}\left(\sum_{r=1}^{q_1}\frac{s_r^+}{y_{rj}^{\mathrm{g}}}+\sum_{t=1}^{q_2}\frac{s_t^-}{y_{tj}^{\mathrm{b}}}\right)}$$

$$\text{s.t.}\sum_{j=1}^{n}\lambda_j x_{ij}-s_i^- \leqslant x_{i0}, i=1,2,\cdots,m;$$

$$\sum_{j=1}^{n}\lambda_j y_{rj}^{\mathrm{g}}+s_r^+ \geqslant y_{r0}^{\mathrm{g}}, r=1,2,\cdots,q_1; \tag{5-2}$$

$$\sum_{j=1}^{n}\lambda_j y_{tj}^{\mathrm{b}}-s_t^- \leqslant y_{t0}^{\mathrm{e}}, t=1,2,\cdots,q_2;$$

$$\sum_{j=1}^{n}\lambda_j=1; j=1,2,\cdots,n;$$

$$\lambda_j, s_i^-, s_r^+, s_t^- \geqslant 0$$

式中，s_i^-, s_r^+, s_t^- 分别表示输入、期望产出和非期望产出的松弛变量。当且仅当这三个变量均等于 0 时，得 $\rho=1$，系统有效。

Bootstrap 是一种非参数蒙特卡罗仿真方法。这种方法可以基于原始的决策单元重复创建大量样本，因此决策者可以依据这些样本，通过传统 DEA 方法来评估环境效率[33]。Bootstrap-DEA 方法采用重复自抽样的方法来提供大样本效率评估结果，避免了样本敏感性和极端值影响。Bootstrap-DEA 方法的详细步骤如下：

步骤 1：使用传统 DEA 方法（如 BCC 模型或 SBM 模型）评估每个 DMU 的初始效率得分（$\hat{\theta}_j$，其中 $j=1,2,\cdots,n$）。

步骤 2：基于 n 个决策单元的效率值 $\hat{\theta}_j$，使用 Bootstrap 方法产生规模为 n 的随机效率值 $\hat{\beta}_j$。

步骤 3：计算模拟样本，$x_i^*=\hat{\theta}_j x_i/\beta_j$。

步骤 4：使用模拟样本计算各个 DMU 的环境效率得分（$\hat{\theta}_j^*$，其中 $j=1,2,\cdots,n$）。

步骤 5：重复步骤 2～4 共 N 次，计算效率得分偏差（即初始得分与统计分数的平均值之间的距离），并计算修正后的效率得分，$\theta_j'=\theta_j-\left|\frac{1}{N}\sum_{n=1}^{N}\hat{\theta}_{jn}^*-\theta_j\right|$。在本研究中，$N$ 取 2000。

5.3.3 回归分析

在环境效率评估研究中，采用回归模型做相关性分析是定量识别环境效率关键影响因素的常用方法。目前的研究聚焦于两方面的因素：一是企业本身的特征，如企业规模[27]、企业所有制[20]等；二是企业目前采取的环境保护措施，如环保投资[19]和市场激励措施[34]。从企业管理者的角度来看，这些研究仅专注于企业的客观因素或经济投入措施，而未全面考虑环境管理的影响。除经济投资外，人力资源投入和技术投入也是改善企业环境效率的重要管理措施：人力资源投入就是从事环境保护的员工，而技术投入为从事节能减排管理的相关科学研究。因此，本研究考虑 3 种因素：环境管理投资、从事环保的职员占总职员的比例、企业是否进行环保研发，分析这些因素对钢铁企业环境效率的影响。其中，对于职员比例一项指标，主要是考虑到职员数量的绝对值会受到企业规模的影响，没有可比性，因此从事环境保护的职员比例更具有对比意义。回归模型见方程（5-3）：

$$\mathrm{EE}_j = \beta_0 + \beta_1 \times \lg \mathrm{EI}_j + \beta_2 \times \lg \mathrm{ES}_j + \beta_3 \times \mathrm{ER}_j + \varepsilon_j \tag{5-3}$$

式中，EE 是 DMU_j 的环境效率得分；$\beta_0 \sim \beta_3$ 是常数和因子的待定系数；EI 是每吨产品生产所用的环保投资；ES 是环保职员比例；ER 是反映企业是否开展环境保护研究的指标；ε 是以 0 为中心符合正态分布的误差项。

目前，许多研究都采用了 Tobit 回归模型或普通最小二乘法（OLS）回归模型来识别影响效率得分的关键因素。但是，Simar 和 Wilson[35]证明了用这类回归模型进行效率影响因素分析可能会导致结果产生偏差。因此，结合一些实证研究[36,37]，本研究在回归模型中同样引入 Bootstrap 抽样，以避免小规模变量参数带来的不确定性，各项变量采样次数同样为 2000 次。

5.4 企业环境效率评估结果

5.4.1 企业环境效率整体结果

钢铁企业整体环境效率评估结果如图 5-1 所示。使用 SBM 模型的环境效率得分整体要显著低于 BCC 模型的得分（相差近 0.12），但标准差要高接近 0.06。这说明，当效率评价对象中有多个非期望产出时，如果专门考虑非期望产出，而非直接将其转化为输入，效率评估结果更分散。此外，Bootstrap-DEA 方法的修正会进一步使得样本分布更为分散。Bootstrap 方法会导致评估得分结果显著降低，校正结果比用 BCC 模型得出的初始结果低 0.066，比用 SBM 模型得出的初始结果低 0.133。这表明，在未考虑样本参数波动的情况下，效率值一般会被高估。另外，有效决策变量的数量在修正后显著下降：在修正后的 BCC 模型与 SBM 模型评估下，分别只有 5 家和 7 家企业是有效率的。

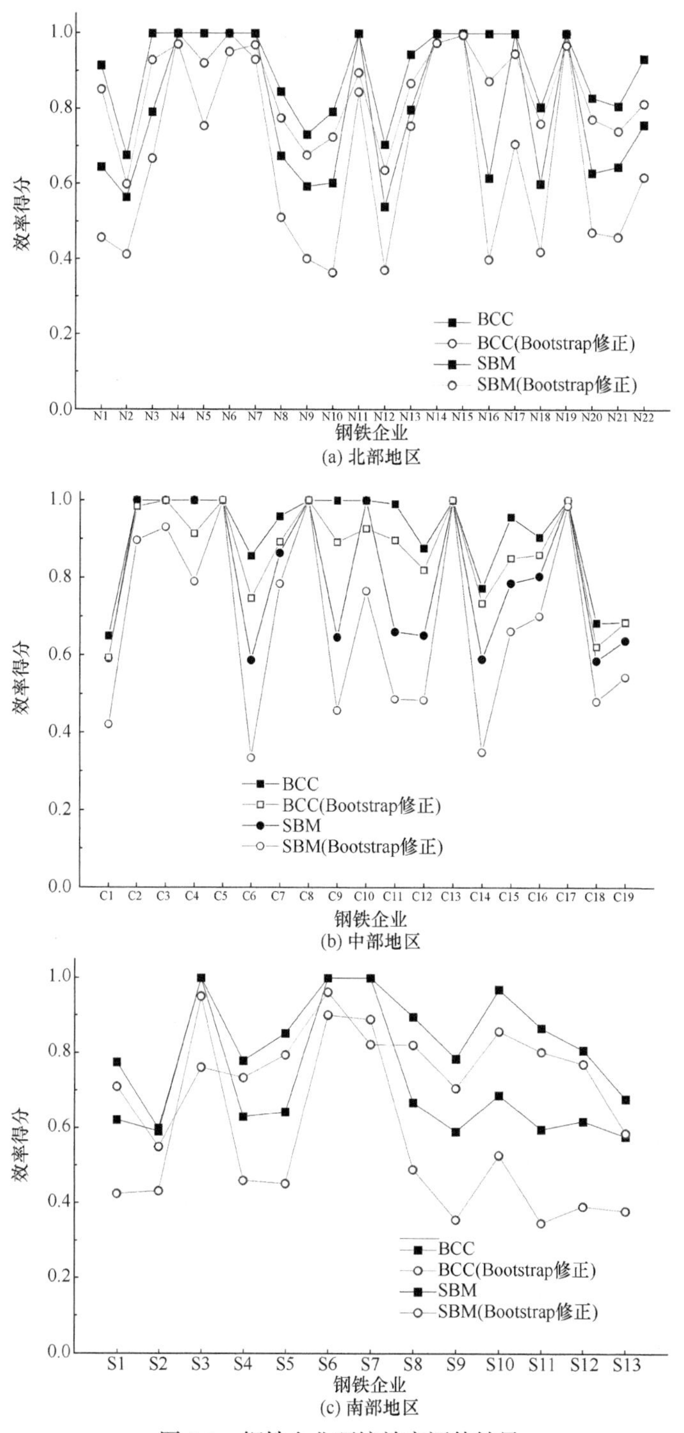

(a) 北部地区

(b) 中部地区

(c) 南部地区

图 5-1　钢铁企业环境效率评估结果

一般来说，效率得分集中，说明大量企业是环境有效率或者接近有效率的，这种情况下决策者将无法识别企业之间的差异，不利于企业节能减排管理。因此，考虑非期望产出并且应用Bootstrap-DEA方法，可以增强统计结果的分散性，对系统评估钢铁企业的环境效率具有重要价值。

从图5-1中可以发现企业之间存在一些地区差异。中国中部地区企业的环保表现整体比北部地区企业更差（除Bootstrap修正的BCC模型计算结果，中国北部企业平均环境效率值更低），但比南部地区企业更优秀。这一现象的出现基于两个原因：第一，中国一些世界知名钢铁企业环保水平十分先进，大多分布在中国北部和中部地区（如首钢集团和宝山钢铁股份有限公司）；第二，中国南部地区钢铁企业分布相对较少，产业不集中，总体环保水平相对较低。因此，环境决策者应更多地关注中国南部企业，提高企业的资源和能源生产率，减少它们的污染物的排放。各个区域的环境效率统计见表5-4。

表5-4　各区域钢铁企业环境效率描述性统计

方法	BCC	BCC（Bootstrap修正）	SBM	SBM（Bootstrap修正）
效率均值（所有企业）	0.895	0.829	0.779	0.644
效率均值（北部）	0.916	0.848	0.812	0.692
效率均值（中部）	0.905	0.852	0.792	0.664
效率均值（南部）	0.847	0.761	0.710	0.539
标准差	0.121	0.126	0.182	0.243
有效率企业数	23	5	19	7
有效率企业数（北部）	11	0	9	5
有效率企业数（中部）	9	5	7	2
有效率企业数（南部）	3	0	3	0

5.4.2　工艺环境效率结果

工艺级环境效率的描述性统计结果如图5-2所示，不同评估方法带来的工艺级环境效率差异与企业级结果相对一致。使用SBM模型得出的五个流程的平均效率得分（烧结、炼焦、炼铁、炼钢和轧钢五个工艺分别为0.826、0.813、0.778、0.766和0.759）均低于通过BCC模型得到的结果（上述五个工艺的平均效率分别为0.935、0.861、0.934、0.911和0.947）。此外，与企业层面的结果类似，Bootstrap-DEA方法不仅使得总体效率得分降低了0.05～0.2，还降低了20%～60%的有效决策单元数量。这一现象再次体现了使用Bootstrap-DEA方法获得分散评估结果的优势，因为这有助于环境决策者对企业进行分类管理。各企业的详细得分情况见附录 A。

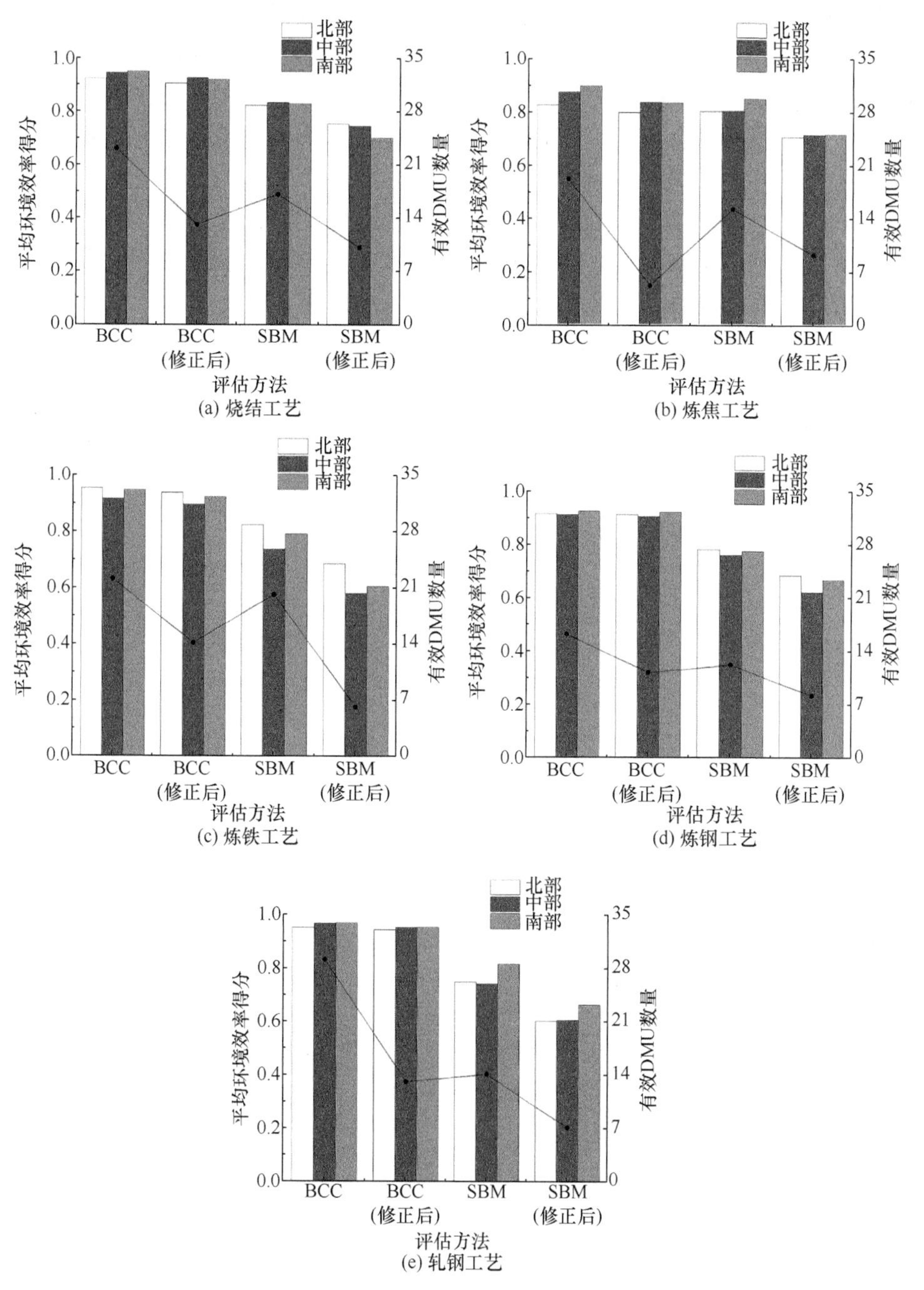

图 5-2　中国钢铁行业不同工艺的评估结果

考虑分布在中国北部、中部和南部地区等不同区域的企业之间存在差异，可以找到影响不同地区企业环境效率的短板工艺：第一，尽管中国北部和中部地区企业的整体环境效率得分相对较高，但部分工艺仍有提升空间（例如，北部地区企业的炼焦工艺，中部地区企业的炼铁工艺）；第二，中国南部地区钢铁企业的各工艺整体环境表现不佳，其环境效率得分较低可能有多重因素，如节能减排的管理水平较低。环境决策者应该基于不同地区企业的特点提出差异化的环境管理措施。

为分析各企业不同流程的环境效率，本研究列出了相对效率排名得分（以应用 SBM 模型和 Bootstrap-DEA 方法为例），详见表 5-5。相对效率排名得分定义如下：有效 DMU 的值为 0，非有效 DMU 根据环境效率从高到低对应 1～4 级，相对效率排名得分较低说明环境效率表现相对较优。

表 5-5　各流程相对效率排名得分

序号	企业整体	烧结	炼焦	炼铁	炼钢	轧钢
N1	3	1	—	2	2	3
N2	4	2	4	3	2	—
N3	2	4	2	0	1	3
N4	0	4	—	1	1	4
N5	1	2	—	4	3	3
N6	0	0	—	0	0	0
N7	1	3	—	0	0	—
N8	2	1	3	3	3	3
N9	4	2	0	0	2	4
N10	4	2	—	4	1	0
N11	1	0	0	2	2	1
N12	4	0	1	0	0	2
N13	2	4	—	4	4	1
N14	0	1	—	1	4	0
N15	1	0	—	1	1	1
N16	4	3	—	2	3	3
N17	2	2	—	4	4	—
N18	4	3	3	2	2	3
N19	0	2	1	2	3	2

续表

序号	企业整体	烧结	炼焦	炼铁	炼钢	轧钢
N20	3	4	1	3	2	4
N21	3	0	—	4	1	3
N22	2	4	4	3	2	4
C1	3	2	4	2	4	4
C2	1	0	2	1	0	0
C3	1	1	1	1	4	1
C4	1	3	0	3	3	1
C5	0	1	1	1	0	0
C6	4	4	3	4	4	2
C7	1	0	—	1	3	4
C8	0	4	—	4	0	4
C9	3	3	—	2	0	4
C10	2	2	—	4	3	2
C11	2	1	0	4	3	2
C12	3	2	1	3	3	2
C13	0	1	—	0	1	—
C14	4	1	—	3	2	3
C15	2	3	0	1	4	—
C16	2	0	—	3	4	2
C17	1	3	—	4	4	2
C18	3	4	4	3	2	0
C19	2	3	—	2	1	4
S1	3	1	3	1	1	2
S2	3	1	2	1	3	0
S3	1	1	—	1	1	2
S4	3	2	4	4	3	—
S5	3	1	0	2	2	1
S6	1	1	—	2	0	1
S7	1	4	0	3	2	1

续表

序号	企业整体	烧结	炼焦	炼铁	炼钢	轧钢
S8	2	4	0	1	1	3
S9	4	3	2	4	4	1
S10	2	4	0	3	4	—
S11	4	3	3	2	4	3
S12	4	3	—	3	1	—
S13	4	2	2	2	2	4

根据统计结果，可以将钢铁企业分为四类：标杆企业、部分工艺低效企业、不平衡企业、后进企业。这四种分类标准及所含企业的详细阐释如下。

第一类，标杆企业。即拥有行业内最佳环保效率的企业，其大多数工艺流程都位于或者接近前沿。本研究中共有 7 家标杆企业（N6，N15，C2，C5，C13，S3，S6），效率排名得分大多为 0 或 1。除了 C5、S6 两家企业规模较大，其他标杆企业多为中型或小型企业，粗钢年产量小于 1000 万 t。

第二类，部分工艺低效企业。即存在某个工艺的环境表现与其他工艺差距过大，从而影响了整体企业的环境效率。研究样本中共有 12 家企业属于此类别。一个典型代表是河钢集团唐钢公司（N7），该企业在炼铁、炼钢和轧钢工艺中环境表现优异，但是烧结过程环境效率得分较低（仅有 0.686）。该类企业的短板工艺如表 5-6 所示，大多数企业的短板工艺为炼钢和轧钢。

表 5-6　第二类企业的短板工艺

企业	短板工艺
N7	烧结
S1	炼焦
N10	炼铁
N11，N14，N19，C3，S2	炼钢
N1，N9，N12，S13	轧钢

第三类，不平衡企业。即企业可能在某些工艺中环境表现良好，但在其他工艺中环境表现较差，不同工艺的环境效率得分相差较大。本类型的企业共有 24 家，其中有 9 家企业（即 N5，N17，C7，C10～C12，C14，C16，S5）在炼铁后工艺的效率排名得分较低，炼铁前工艺表现较好，其他 15 家企业（N2～N4，N8，

N20，N21，C4，C8，C9，C15，C17，C19，S7，S8，S12）在炼铁前后的工艺中均表现不佳。研究结果表明，环境表现不平衡的企业数量众多，中部地区近半数企业都归属此类。

第四类，后进企业，指大多数工艺环境效率排名得分是 3 或 4 的企业。该类型包括 11 家企业（N13，N16，N18，N22，C1，C6，C18，S4，S9～S11）。这些企业与生产前沿距离较大，工艺平均效率得分为 0.45～0.64。部分企业历史悠久，迫切需要改善环境效率。

综上所述，根据工艺级环境效率水平，可以将 54 家样本企业分为 4 类，分别识别出各自的短板工艺，并为之制定差异化的环境管理政策，以此来针对性地提高环境效率。

5.4.3　企业环境效率的影响因素分析

利用 Tobit 回归模型对企业开展环境效率影响因素分析，研究结果（表 5-7）表明单位产量环保投资额的对数、环保职员比例的对数、企业是否开展环境保护研究等三大因素的系数分别是正值、负值和负值，可以得出以下三个主要结论：

首先，指标 lg(EI)总体为正数，反映了经济投资对环境效率的提升作用。但是，这种提升效果并不明显。以系数最高的烧结过程为例，经济投入扩大十倍只能使效率得分提高 0.0686。此外，炼焦和轧钢过程的负系数表明，除了经济投资额，在生产过程中如何利用环保经济投资对最终效果同样重要。

其次，指标 lg(ES)总体为负数，反映环保人员的增加导致预期环境效率的下降。该结论看似与常识不符，但应当注意的是，环保人才对环境效率提升的贡献不仅取决于数量，还取决于环保职员的素质。只增加环保人员的数量而不关注素质的提升，未必会促进整体环境效率的改善。此外，改善环境监测和处理设施对于提高环境效率同样重要。

最后，开展环保研究与环境效率也呈负相关。有两个原因可以解释：一方面，大多数钢铁企业没有开展环境保护研究（案例中仅 8 家企业开展环保研究，其余 46 家没有开展），因此本结果不能代表普遍情况。另一方面，很多钢铁企业与科研机构建立了合作关系，科研机构协助企业进行环境保护研究。在这种情况下，企业可以不必独立开展研究而获得环境效率提升的科研成果。

表 5-7　环境效率影响因素结果

自变量	企业	烧结	炼焦	炼铁	炼钢	轧钢
常数	0.5141*	0.6237**	1.0626**	0.6759**	0.6982**	0.4177
lg(EI)	0.0075	0.0686	−0.0409	0.0550	0.0194	−0.0725*

续表

自变量	企业	烧结	炼焦	炼铁	炼钢	轧钢
lg(ES)	–0.0614	–0.0224	0.1339	–0.0153	0.0185	–0.0786
ER	–0.1181	–0.0071	–0.0362	–0.0104	–0.0561	–0.0259

**表示在 0.01 水平上显著；*表示在 0.1 水平上显著。

5.5 本 章 小 结

中国钢铁企业环境效率评估有助于制定针对性的节能减排政策，从而改进钢铁行业的环境表现。过去的研究仅关注国家、地区或企业层面的环境效率评估，而缺乏工艺级的环境效率研究。本章明确设定钢铁工业五个主要工艺的投入产出结构（即烧结、炼焦、炼铁、炼钢和轧钢），采用 BCC 模型、SBM 模型和 Bootstrap-DEA 方法，首次评估了钢铁企业各工艺的环境效率，实现了企业层面节能减排的系统性决策。为分析环境效率的主要影响因素，本研究还采用回归模型来探究三种环境保护措施（环保投资、环保职员比例和企业是否开展环保研究）对环境效率的影响。

首先，不同评估模型会导致各工艺环境效率得分的差异。根据 SBM 模型的计算结果，五个工艺的平均效率得分为 0.759～0.826；BCC 模型中的平均效率得分为 0.861～0.947，而采用 Bootstrap 方法又会对整体效率值带来 0.05～0.2 的负校正。此外，钢铁各个工艺环境效率地区性差异显著。中国南部地区企业在炼焦和轧钢过程中表现最佳，但企业总体的环境效率表现不佳。

其次，各个钢铁企业的短板工艺问题普遍存在。通过对工艺的环境效率得分进行排名，可以精准识别出各企业的短板工艺。在样本 54 家企业中，总共有 12 家企业存在 1 个短板工艺，25 家企业存在更多的短板工艺。此外，有 8 家企业被归类为标杆企业，10 家企业被归为后进企业。寻找短板工艺有助于制定差异化的环境管理政策，最有效地提高整体环境效率。

最后，环境保护策略对于环境效率具有两面效应。环保投资和效率得分之间的系数为正，而环保人员比例、企业是否开展环保研究与效率得分之间的系数为负。回归分析证实了环保投资的积极效果。结果也表明，仅增加环保职员数量不一定能够促进环境效率的提高，机构与企业合作开展环境保护研究也有助于提升环境效率。

当前，日益严格的能源和环境管理目标对工业系统的环境效率提出了更高的要求。随着节能减排措施的推进，环境效率提升的空间压缩且难度加大。因此，对于环境决策者而言，识别企业的短板工艺，并据此寻找最有效的环境效率改善路径显得尤为重要。本研究进行了钢铁企业层面的系统化决策，将整个钢铁工业划分为五大工艺，提供了一个评估中国钢铁行业工艺环境效率的分析框架，并就提高钢铁工业环境效率提出了一些建议。本研究的方法可应用于其他行业的系统化决策，助力工业领域清洁生产和可持续制造目标的实现。

参 考 文 献

[1] World Steel Association. Steel Statistical Yearbook 2018 [EB/OL]. https://worldsteel.org/wp-content/uploads/Steel-Statistical-Yearbook-2018.pdf. 2018-11-12. [2021-04-17].

[2] Griffin P W, Hammond G P. Industrial energy use and carbon emissions reduction in the iron and steel sector: A UK perspective[J]. Applied Energy, 2019, 249: 109-125.

[3] Sohaili K. The impact of improvement in iran iron and steel production technology on environment pollution[J]. Procedia Environmental Sciences, 2010, 2: 262-269.

[4] Sun W, Zhou Y, Lv J, et al. Assessment of multi-air emissions: Case of particulate matter (dust), SO_2, NO_x and CO_2 from iron and steel industry of China[J]. Journal of Cleaner Production, 2019, 232: 350-358.

[5] Wang K, Wei Y M, Huang Z. Environmental efficiency and abatement efficiency measurements of China's thermal power industry: A data envelopment analysis based materials balance approach[J]. European Journal of Operational Research, 2018, 269(1): 35-50.

[6] Li H, Shi J F. Energy efficiency analysis on Chinese industrial sectors: An improved super-SBM model with undesirable outputs[J]. Journal of Cleaner Production, 2014, 65: 97-107.

[7] Sueyoshi T, Goto M. Resource utilization for sustainability enhancement in Japanese industries[J]. Applied Energy, 2018, 228: 2308-2320.

[8] Hu J L, Honma S. A comparative study of energy efficiency of OECD Countries: An application of the stochastic frontier analysis[J]. Energy Procedia, 2014, 61: 2280-2283.

[9] Bampatsou C, Halkos G. Economic growth, efficiency and environmental elasticity for the G7 countries[J]. Energy Policy, 2019, 130: 355-360.

[10] Lin B, Wang X. Exploring energy efficiency in China's iron and steel industry: A stochastic frontier approach[J]. Energy Policy, 2014, 72: 87-96.

[11] Xu B, Lin B. Assessing CO_2 emissions in China's iron and steel industry: A nonparametric additive regression approach[J]. Renewable and Sustainable Energy Reviews, 2017, 72: 325-337.

[12] Lin B, Long H. A stochastic frontier analysis of energy efficiency of China's chemical industry[J]. Journal of Cleaner Production, 2015, 87: 235-244.

[13] Lin B, Zheng Q. Energy efficiency evolution of China's paper industry[J]. Journal of Cleaner Production, 2017, 140: 1105-1117.

[14] Lin B, Zhang G. Estimates of electricity saving potential in Chinese nonferrous metals industry[J]. Energy Policy, 2013, 60: 558-568.

[15] Lin B, Liu H. CO_2 mitigation potential in China's building construction industry: A comparison of energy performance[J]. Building and Environment, 2015, 94: 239-251.

[16] Lin B, Xu M. Regional differences on CO_2 emission efficiency in metallurgical industry of China[J]. Energy Policy, 2018, 120: 302-311.

[17] Feng C, Huang J B, Wang M. Analysis of green total-factor productivity in China's regional metal industry: A meta-frontier approach[J]. Resources Policy, 2018, 58: 219-229.

[18] Xie B C, Fan Y, Qu Q Q. Does generation form influence environmental efficiency performance? An analysis of China's power system[J]. Applied Energy, 2012, 96: 261-271.

[19] Chen L, He F, Zhang Q, et al. Two-stage efficiency evaluation of production and pollution control in Chinese iron and steel enterprises[J]. Journal of Cleaner Production, 2017, 165: 611-620.

[20] Wu H, Lv K, Liang L, et al. Measuring performance of sustainable manufacturing with recyclable wastes: A case from China's iron and steel industry[J]. Omega, 2017, 66: 38-47.

[21] He F, Zhang Q, Lei J, et al. Energy efficiency and productivity change of China's iron and steel industry: Accounting for undesirable outputs[J]. Energy Policy, 2013, 54: 204-213.

[22] Gong B, Guo D, Zhang X, et al. An approach for evaluating cleaner production performance in iron and steel enterprises involving competitive relationships[J]. Journal of Cleaner Production, 2017, 142: 739-748.

[23] Moon H, Min D. Assessing energy efficiency and the related policy implications for energy-intensive firms in Korea: DEA approach[J]. Energy, 2017, 133: 23-34.

[24] Song M L, Zhang L L, Liu W, et al. Bootstrap-DEA analysis of BRICS' energy efficiency based on small sample data[J]. Applied Energy, 2013, 112: 1049-1055.

[25] Wang J M, Shi Y F, Zhang J. Energy efficiency and influencing factors analysis on Beijing industrial sectors[J]. Journal of Cleaner Production, 2017, 167: 653-664.

[26] Cui Y, Huang G, Yin Z. Estimating regional coal resource efficiency in China using three-stage DEA and bootstrap DEA models[J]. International Journal of Mining Science and Technology, 2015, 25 (5): 861-864.

[27] Yang W, Shi J, Qiao H, et al. Regional technical efficiency of Chinese Iron and steel industry based on bootstrap network data envelopment analysis[J]. Socio-Economic Planning Sciences, 2017, 57: 14-24.

[28] Sueyoshi T, Yuan Y, Li A, et al. Methodological comparison among radial, non-radial and intermediate approaches for DEA environmental assessment[J]. Energy Economics, 2017, 67: 439-453.

[29] Tone K. A slacks-based measure of efficiency in data envelopment analysis[J]. European Journal of Operational Research, 2001, 130(3): 498-509.

[30] Halkos G, Petrou K N. Treating undesirable outputs in DEA: A critical review[J]. Economic Analysis and Policy, 2019, 62: 97-104.

[31] Banker R D, Charnes A, Cooper W W. Some models for estimating technical and scale inefficiencies in data envelopment analysis[J]. Management Science, 1984, 30(9): 1078-1092.

[32] Charnes A, Cooper W W, Rhodes E. Measuring the efficiency of decision making units[J]. European Journal of Operational Research, 1979, 3(4): 339.

[33] Simar L, Wilson P W. A general methodology for bootstrapping in non-parametric frontier

models[J]. Journal of Applied Statistics, 2000, 27(6): 779-802.

[34] Li H L, Zhu X H, Chen J Y, et al. Environmental regulations, environmental governance efficiency and the green transformation of China's iron and steel enterprises[J]. Ecological Economics, 2019, 165: 106397.

[35] Simar L, Wilson P W. Estimation and inference in two-stage, semi-parametric models of production processes[J]. Journal of Econometrics, 2007, 136(1): 31-64.

[36] Chaabouni S. China's regional tourism efficiency: A two-stage double bootstrap data envelopment analysis[J]. Journal of Destination Marketing & Management, 2019, 11: 183-191.

[37] Wijesiri M, Viganò L, Meoli M. Efficiency of microfinance institutions in Sri Lanka: A two-stage double bootstrap DEA approach[J]. Economic Modelling, 2015, 47: 74-83.

第 6 章　行业节能减排系统化决策：基于 NSGA-Ⅲ的高维多目标协同控制

行业节能减排的系统化决策内涵与技术和企业层面有所差异：技术和企业层面是多个个体间的系统化评估和寻优，而行业层面则聚焦行业个体本身，确定在能源、环境、经济等多重目标约束下的系统最优节能减排管理方案，实现高维多目标的协同控制。为此，本研究以第 2 章搭建的钢铁行业节能减排路径为基础，建立了节能、五种污染物减排和成本控制的高维多目标优化模型，并基于第三代快速非支配排序遗传算法（non-dominated sorting genetic algorithm-Ⅲ，NSGA-Ⅲ）求解，找寻钢铁行业系统化决策路径。

6.1　工业节能减排的高维多目标决策进展

为有效推动工业领域的节能减排管理，生态环境部门发布了一系列政策文件，使得节能减排目标数量日益增多，指标不断趋严。以钢铁行业为例（表 6-1），涉及三类六项约束性要求，共涉及 47 种污染物。这些目标的出台倒逼企业采取更严格的节能减排措施。

表 6-1　钢铁行业节能减排目标及相关政策

目标类型	行业目标	相关节能减排政策
能源节约	① 行业能耗总量下降 ② 吨钢综合能耗下降	粗钢生产主要工序单位产品能源消耗限额（GB 21256—2013） 电弧炉冶炼单位产品能源消耗限额（GB 32050—2015） 钢铁企业节能设计标准（征求意见稿）（GB/T 50632—2019）
资源节约	③ 吨钢新水耗下降	节水型企业 钢铁行业（GB/T 26924—2011）
主要污染物减排	④ 大气污染物减排	钢铁烧结、球团工业大气污染物排放标准（GB 28662—2012） 炼铁工业大气污染物排放标准（GB 28663—2012） 炼钢工业大气污染物排放标准（GB 28664—2012） 轧钢工业大气污染物排放标准（GB 28665—2012） 关于推进实施钢铁行业超低排放的意见（生态环境部等，2019）
	⑤ 水污染物减排	钢铁工业水污染物排放标准（GB 13456—2012）
	⑥ 固体污染物减排	大宗固体废物综合利用实施方案（工信部，2012）

在上述多重节能减排目标的制约下，推进工业节能减排管理的难度显著加大。一方面，各项目标限值趋于严格，必须采用更全面、更有效的节能减排路径来确保它们能够实现。另一方面，这些目标并不独立，而是存在复杂的协同和冲突关联，一项节能减排措施的使用对目标有多重影响（专栏 6-1）。因此，必须针对不同目标之间复杂的关系进行协调权衡，将工业节能减排管理视作整体系统，基于多个目标的实现找寻节能减排方案，实现规划路径设计。此时，工业节能减排系统化决策成为一个高维多目标（目标多于 3 维）优化问题。

迄今，为科学规划节能减排措施的应用，研究者已采取了多种优化方法。其中一类比较常见的便是自下而上的模型。例如，有研究分别使用 TIMES（the integrated MARKAL-EFOM system）模型[1]与亚太综合模型（AIM/end-use）[2, 3]来规划工业减排措施在中国钢铁行业和水泥工业中的应用。还有其他类型的模型，如 DNE21+[4, 5]、能量流动优化模型（energy flowing optimization model，EFOM）[6, 7]、TIMES[8-10]和国家能源技术（national energy technology，NET）模型[11-13]等都得到了广泛应用。这些模型中的工业系统在最小化系统成本的基础上，考虑各项节能减排措施的固定投资和经济效益（如避免购买燃料和缴纳污染税）等经济因素，从而优化措施的应用。尽管这些模型在工业节能减排管理领域得到广泛使用，它们的缺点也很明显：首先，节能减排目标不能通过单纯的货币化来转化成成本控制目标；其次，由于主观认知偏差，节能减排效益的货币化收益在不同研究中区别很大[14-16]，很难准确地将优化结果的环境外部性通过货币化形式表征。因此，这些方法并不适合应用在目前工业节能减排的管理实践。

专栏 6-1　节能减排目标间的协同与冲突关系

在行业节能减排管理中，一项措施的推广可能同时对多种目标产生影响，造成目标间的协同和冲突关系。如表专 6-1 所示，以钢铁行业球团工序为例，相比于球团竖炉，链篦机-回转窑和带式焙烧法在降低单位产品煤耗、电耗的同时，烟尘产污系数也更低，表明节能和烟尘减排目标的协同关系；同时，链篦机-回转窑和带式焙烧法的 NO_x 产污系数比球团竖炉更高，表明节能、烟尘减排目标和 NO_x 减排目标之间存在冲突。

表专 6-1　钢铁行业主体生产工艺的协同和冲突关系（球团工序）

工艺名称	单位产品煤耗（kgce/t）	单位产品电耗（kW · h/t）	烟尘产污系数（kg/t）	SO_2 产污系数（kg/t）	NO_x 产污系数（kg/t）
球团竖炉	51.9	74.5	0.70	4.50	0.20
链篦机-回转窑	26.4	37.8	0.45	4.50	0.26
带式焙烧	21.3	30.5	0.35	4.50	0.50

为了克服上述单目标模型的局限性，目前越来越多的研究采用了智能算法。这些算法的主要优势之一是，在优化过程中同时考虑所有目标，确认并识别目标之间的关系。许多智能算法，如第二代非支配排序遗传算法（non-dominated sorting genetic algorithm Ⅱ，NSGA-Ⅱ）[17]、粒子群优化（particle swarm optimization，PSO）[18]和人工蜂群（artificial bee colony，ABC）[19]算法等在工业环境管理领域得到了应用。例如，先前已有研究将 NSGA-Ⅱ和 PSO 结合起来，在考虑最大限度地降低能源消耗、污染物排放量和总成本等三个目标的情况下，研究煤矿行业投资的最佳方案[20]。NSGA-Ⅱ还应用在智能电网领域，通过构建双级节能调度模型，以尽可能降低能耗和总成本[21]。此外，研究人员还基于投入产出方法提出了一个三维目标优化模型，利用 NSGA-Ⅱ来研究中国能否通过调整产业结构实现节能目标[22]。在工业节能减排管理中，还有许多类似的研究：例如，NSGA-Ⅱ已应用于工业节能车间调度[23]、废水处理行业的温室气体减排[24]、中国燃煤发电[25]和钢铁[26]行业的节能减排。PSO 已广泛应用于石化行业的能源规划[27]、可持续闭环供应链网络[28]和产业结构规划[29]。ABC 已用于微电网[30]和绿色材料选择的能源管理[31]。大多数研究都解决了双目标或三维目标的优化问题（表 6-2）。

表 6-2 常见多目标优化算法及原理

算法名称		提出者	基本原理
遗传算法	NSGA	Holland（1975）	模拟自然界种群进化行为的全局性概率优化搜索方法，将参数空间问题转变为种群个体的染色体编码空间问题，随机产生初始种群后通过适应度函数进行个体选择，并通过遗传算子进行交叉、变异，实现种群迭代，通过不断进化得到逼近最优解的种群个体。
	NSGA-Ⅱ	Deb（2002）	在 NSGA 算法基础上，引入精英保留策略，使得较为优良的父代样本得以保留；采用一次得到多个非支配解的并行搜索方式，保证计算效率；采用拥挤度算子对个体的优劣性进行排序，确保算法收敛至全局最优。
粒子群优化算法/鸟群觅食法	PSO	Eberhart& Kennedy（1995）	模拟鸟群的捕食行为，随机产生初始粒子群，通过空间中粒子群信息共享及学习机制，跟踪个体极值（粒子本身所找到的最优解 pBest）和全局极值（整个种群目前找到的最优解 gBest），进行个体调整，实现迭代，不断逼近最优解。
人工免疫算法	AIA	Desgupta（1993）	模拟生物免疫系统基本机制，抗原、抗体、抗原抗体之间的亲和性分别与优化问题的目标函数、优化解及目标函数与优化解之间的匹配程度相对应，通过判断抗原抗体间的亲和力（目标适应度）和排斥力（解的相似度）进行抗体选择，同时通过交叉变异等操作进行抗体循环寻找最优解。
人工蜂群算法	ABC	Karaboga（2007）	基于群智能的优化算法，蜜源位置代表问题的可行解，蜜源的花蜜量对应于相应解的适应度，模拟蜜蜂采蜜机制将人工蜂群分为采蜜蜂、观察蜂和侦察蜂 3 类，将采蜜蜂与蜜源一一对应，采蜜蜂收集蜜源信息及花蜜量，观察蜂根据采蜜蜂所提供的信息进行蜜源选择，侦查蜂寻找新的蜜源，通过最优蜜源信息的不断更新逼近最优解。

然而，这些研究的一个重要问题是无法解决目标数量多于 4 个的高维优化问题，这是因为大多数常规算法无法实现超高维优化所需的支配关系。通常情况下，算法采用支配关系来比较不同优化结果的相对优劣性，并以此驱动解集不断趋于优化。但是，在解决高维目标优化问题的同时，由于目标维数增加，一个解能在各个维度上均比另一个解表现优异的概率大大下降，因此也更容易成为非支配解（图 6-1）。在这种情况下，所有解都会被判定为最优解，因而算法不能继续驱动找寻全局最优的结果。因此，为实现工业节能减排管理领域的系统化决策，需要依靠高维的多目标优化算法。

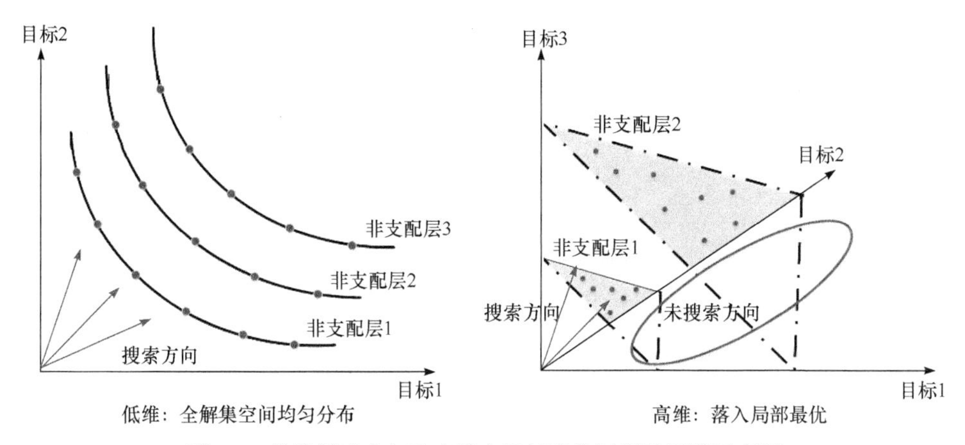

图 6-1　传统算法在解决高维多目标优化问题的局限示意图

在这种情况下，第三代快速非支配排序遗传算法（NSGA-Ⅲ）是一种适合的高维多目标优化算法[32]。与其他常规算法相比，NSGA-Ⅲ的突破是建立了一套基于参考点的选择机制，将解集的目标空间划分为不同的分区，将解决方案点的分布与这些分区关联，从而保证了优化结果的分散性。通过这一机制，优化解集尽可能地分散，陷入局部最优的概率也会降低。到目前为止，已有超过 150 篇文章在各个领域采用了 NSGA-Ⅲ算法，包括控制图设计[33]、软件改进[34]、系统调度[35]以及算法本身的改进[36, 37]，但很少有研究将这种方法应用于工业节能减排管理。此外，这些研究大部分解决了非约束性优化问题，但通常工业环境管理问题存在现实制约因素，需要考虑约束条件。基于上述背景，本章提出了一种解决行业节能减排管理的系统化决策方法。首先，以钢铁行业为例，通过综合考虑各项能源、环境和经济目标，构建多目标优化模型；同时引入 NSGA-Ⅲ算法来解决优化问题，打破传统优化算法在优化维数上的局限。其次，通过模糊 C-means 聚类算法克服了最终决策方案制定的不足，对 NSGA-Ⅲ算法得出的一系列帕累托最优解决方案进行聚类，提出最终决策方案。以上工业节能减排管理系统化决策方法考虑了目标间的协同与冲突关系，可支撑设定合理的能源和环境目标，并制定最优的节能减排措施。

6.2　钢铁行业系统高维多目标优化模型建立

为实现高维多目标优化问题的数学化表征，从而用于算法求解，首先需根据实际管理需求确定优化变量、优化目标和约束条件。本研究共考虑 4 类措施，82 个变量和优化节能、减排、成本控制等三类共七维目标，并综合考虑了四种约束条件。为便于后续表述，表 6-3 总结了各项公式中的缩写释义。

表 6-3　缩写释义

解集和指标	
缩写	释义
P	工艺集合
EQ	工艺设备集合
I	技术集合
I-CLP	清洁生产技术集合
I-EOP	末端处理技术集合
I-SC	协同技术集合
F	燃料集合
SR	钢比系数集合
p	工艺
eq	设备
i	技术
i-clp	清洁生产技术
i-eop	末端处理技术
i-sc	协同技术
t	基准年
$t+\Delta t$	目标年
模型参数	
缩写	释义
EC	能源消耗
PR	普及率
E	设备或技术的能源强度
PE	污染排放

续表

模型参数	
缩写	释义
EF	设备或技术的污染排放强度
TL	技术寿命
EAR	末端工艺减排率
TC	总成本
FI	固定投资
OC	运营费用
B	收益
PRICE	燃料价格
T	排污税
算法参数	
缩写	释义
N	规模大小
CV	违反约束
CP	交叉概率
MS	变异尺度
MP	变异概率
V	变量数量
ρ_j	与第 j 个参考点相关的解点数量
$\mathrm{Max_{it}}$	迭代最大值
D	参考点分类
μ	隶属函数
d	欧氏距离
m	模糊度的权重指数
P	聚类中心的坐标矩阵
k	聚类中心

6.2.1　优化变量

由各项节能减排措施的定义可知，量化表征各项措施应用的关键在于普及率参数，因此可选取各项措施的普及率作为优化变量。在措施选择方面，由于行业规模控制和原料-产品结构升级两项措施受到的经济-社会制约，不适宜作为本优化问题的变量，因此本研究考虑了主体工艺结构升级和三类技术推广作为优化变量。其中，一共考虑 24 项主体工艺设备，与表 2-4 中的完全一致；对于节点节能技术、末端治理技术和共生技术，可根据优化实际问题需求作小幅调整。调整后的技术清单如表 6-4 所示，共包括 30 项节点节能技术、13 项末端治理技术和 15 项共生技术，总共 82 项变量（包括表 2-4 中 24 项设备）。

表 6-4　节能减排技术清单

技术类型	工艺	编号	节能减排技术名称
节点节能技术	炼焦	CLP1	煤调湿技术
		CLP2	高温高压干熄焦技术
	烧结	CLP3	厚料层烧结技术
		CLP4	环冷机液密封技术
		CLP5	低温烧结
		CLP6	降低烧结漏风率技术
		CLP7	小球烧结工艺
	高炉	CLP8	旋切式高风温顶燃热风炉节能技术
		CLP9	高炉热风炉双预热技术
		CLP10	高炉炼铁精料技术
		CLP11	高炉浓相高效喷煤技术
		CLP12	高炉喷吹焦炉煤气技术
		CLP13	高炉鼓风除湿节能技术
		CLP14	高炉煤气汽动鼓风技术
	转炉	CLP15	转炉“负能炼钢”工艺技术
		CLP16	钢水真空循环脱气工艺干式（机械）真空系统应用
		CLP17	炼钢连铸优化调度技术
		CLP18	高效连铸技术
		CLP19	薄板坯连铸技术
		CLP20	连铸坯热装热送技术
	电炉	CLP21	电炉优化供电技术
		CLP22	废钢加工预处理技术

续表

技术类型	工艺	编号	节能减排技术名称
节点节能技术	轧钢	CLP23	中厚板在线热处理技术
		CLP24	低温轧制技术
		CLP25	轧钢加热炉蓄热式燃烧技术
		CLP26	热轧过程控制技术
		CLP27	连续退火技术
		CLP28	热带无头/半无头轧制技术
	综合	CLP29	能源管控技术
		CLP30	加热炉黑体辐射节能技术
末端治理技术	炼焦	EOP1	低氮燃烧技术
		EOP2	烟气脱硝 SCR/SNCR
	烧结	EOP3	循环流化床法
		EOP4	烧结活性炭脱硫法
		EOP5	烧结烟气循环富集脱硫技术（Eposint）
		EOP6	石灰-石膏法脱硫
	高炉	EOP7	高炉煤气 OG
		EOP8	高炉煤气 LT
	转炉	EOP9	转炉烟气 OG
		EOP10	转炉烟气 LT
	炼焦	EOP11	A/O
		EOP12	A2/O
		EOP13	A/O2
共生技术	炼焦	SC1	炼焦荒煤气显热回收利用技术
	烧结	SC2	烧结余热回收利用技术（发电）
		SC3	球团废热循环利用技术
	高炉	SC4	低热值高炉煤气-燃气-蒸汽联合循环发电技术
		SC5	高炉渣综合利用技术
		SC6	高炉炉顶煤气干式余压发电技术（TRT）
		SC7	煤气透平与电动机同轴驱动高炉鼓风机技术
		SC8	高炉全燃发电技术
		SC9	高炉冲渣水直接换热回收余热技术

续表

技术类型	工艺	编号	节能减排技术名称
共生技术	转炉	SC10	转炉烟气余热回收技术
		SC11	转炉煤气回收技术
		SC12	钢渣处理及综合利用技术
	电炉	SC13	电炉烟气余热回收利用除尘技术
	轧钢	SC14	热轧余热回收技术
		SC15	冷轧余热回收技术

6.2.2 优化目标

本模型的优化目标分为能耗、污染物排放和成本控制等三类七项，主要目标方程如下所示。

1. 单位产品能耗最低

钢铁工业作为能源密集型产业，减少能源消耗是首要的环境管理目标。在此模型中，单位产品能耗指标受到两种方式的影响：一是工艺设备规模结构变化引起的耗能差异；二是技术推广后引发的节能量的变化。该目标的计算方法如式（6-1）所示：

$$\min \mathrm{EC}=\sum_{p\in P}\left[\sum_{\mathrm{eq}\in \mathrm{EQ}}(\mathrm{PR}_{p,\mathrm{eq},t+\Delta t}-\mathrm{PR}_{p,\mathrm{eq},t})\times E_{p,\mathrm{eq}}+\sum_{i\in I}(\mathrm{PR}_{p,i,t+\Delta t}-\mathrm{PR}_{p,i,t})\times E_{p,i}\right]\times \mathrm{SR}_p \tag{6-1}$$

2. 单位产品污染物排放量最低

工业环境管理的另一个基本目标是污染减排。依据我国考虑的常规污染物，结合钢铁行业的污染排放特征，共设定了五种类型的大气和水污染物指标：SO_2、NO_x、PM、COD 和 NH_3-N。污染物减排的途径较丰富：工艺设备规模大型化和节点节能技术的推广减少了污染物的产生，末端处理技术的普及提高了污染物的治理率，而协同处置技术的推广通过回收工业废物间接减少了污染物排放。该类目标的计算方法如式（6-2）所示：

$$\min \mathrm{PE}_{\mathrm{pol}}=\sum_{p\in P}\left[\begin{array}{l}(\sum_{\mathrm{eq}}\mathrm{PR}_{p,\mathrm{eq},t+\Delta t}\times \mathrm{EF}_{p,\mathrm{eq},\mathrm{pol}}+\sum_{i\text{-clp}\in I\text{-CLP}}\mathrm{PR}_{p,i\text{-clp},t+\Delta t}\times \mathrm{EF}_{p,i\text{-clp},\mathrm{pol}})\\ \times(1-\sum_{i\text{-eop}\in I\text{-EOP}}\mathrm{PR}_{p,i\text{-eop},t+\Delta t}\times \mathrm{EAR}_{p,i\text{-eop},\mathrm{pol}})+\sum_{i\text{-sc}\in I\text{-SC}}\mathrm{PR}_{p,i\text{-sc},t+\Delta t}\times \mathrm{EF}_{p,i\text{-sc},\mathrm{pol}}\end{array}\right]\times \mathrm{SR}_p \tag{6-2}$$

（$pol = SO_2, NO_x, PM, COD, NH_3\text{-}N$）

3. 节能减排总成本最低

在第 4 章和第 5 章中，工业节能减排管理的成本和效益是企业关注的重要问题，而在行业层面推广各项节能减排措施，也会构成显著的社会成本。因此，在行业节能减排管理中，成本控制也是十分必要的。在此目标中，本研究核算了一系列措施的应用成本。本研究设置了一个假设，即工艺设备和技术普及率的下降不会产生成本或收益，但是工艺设备和技术的新建需要固定投资和运营成本。同时，本研究考虑了措施推广的各种收益，包括三种表现形式：通过节能降低购买燃料费用、通过减排减少缴纳的排污税额度以及通过废弃物/副产品的回收赚取利润。由于本研究考虑一年的总成本，因此设备或技术固定投资等一次性投资通过折现理论折现到每一年上。此目标的计算如式（6-3）所示：

$$\min \mathrm{TC} = \left\{ \begin{array}{l} \sum\limits_{\mathrm{eq}\in \mathrm{EQ}} \max[(\mathrm{PR}_{\mathrm{eq},t+\Delta t} - \mathrm{PR}_{\mathrm{eq},t}),0] \times \mathrm{FI}_{\mathrm{eq}} \\ +\sum\limits_{i\in I} \max[(\mathrm{PR}_{i,t+\Delta t} - \mathrm{PR}_{i,t}),0] \times \mathrm{FI}_i \end{array} \right\} \times \frac{r}{1-(1+r)^{-\mathrm{TL}}} + \left[\begin{array}{l} (\mathrm{PR}_{\mathrm{eq},t+\Delta t} - \mathrm{PR}_{\mathrm{eq},t}) \times \mathrm{OC}_{\mathrm{eq}} \\ +(\mathrm{PR}_{i,t+\Delta t} - \mathrm{PR}_{i,t}) \times \mathrm{OC}_i \end{array} \right] - B_{\mathrm{EC}} - B_{\mathrm{ER}} - B_S$$

$$B_{\mathrm{EC}} = \sum_{f\in F} \mathrm{PRICE}_f \times \mathrm{EC}_f \tag{6-3}$$

$$B_{\mathrm{ER}} = \sum_{\mathrm{pol}} T_{\mathrm{pol}} \times (PE_{\mathrm{pol},t+\Delta t} - PE_{\mathrm{pol},t})$$

6.2.3　约束条件

本模型共考虑四类约束条件。

1. 决策变量的约束

根据普及率的定义，该变量的范围应在 0%（完全未应用）至 100%（该技术已完全占领市场）之间，如式（6-4）所示：

$$0 \leqslant \mathrm{PR} \leqslant 100\% \tag{6-4}$$

2. 设备应用的限制

在此模型中，粗钢和工艺产品一定是由某种规模的设备生产的，因此在一个工艺中所有设备的普及率之和为 100%。此约束如式（6-5）所示：

$$\sum_{\mathrm{eq}\in \mathrm{EQ}} \mathrm{PR}_{p,\mathrm{eq}} = 100\% \tag{6-5}$$

3. 技术应用的制约因素

本模型共存在两种类型的技术应用约束。第一种是某些技术的应用依赖于特定的设备（如高炉顶燃气回收涡轮装置的应用只能用于大中型高炉），因此其普及率受相关设备的影响。第二种是某些技术相互竞争。例如，企业在一定过程中只采用一种末端处理污染物的技术处理一种污染物，因此这些技术的总普及率不到100%。这类约束如式（6-6）和式（6-7）所示：

$$\mathrm{PR}_{p,i} \leqslant \mathrm{PR}_{p,\mathrm{eq}} \quad \text{（其中技术 } i \text{ 依赖于设备 eq 得以应用）} \tag{6-6}$$

$$\sum_{p,i\text{-eop}\in I\text{-EOP}} \mathrm{PR}_{p,i\text{-eop},\mathrm{pol}} \leqslant 100\% \tag{6-7}$$

4. 技术促进政策的限制

本约束参考了一系列节能减排技术推广目录，假设这些技术的普及率不会低于政策文件中建议的普及率，如式（6-8）所示：

$$\mathrm{PR}_{p,i} \geqslant \mathrm{PR}_{p,i\text{-policy}} \tag{6-8}$$

6.3　带约束的NSGA-Ⅲ方法

本研究采用约束 NSGA-Ⅲ算法求解上述的多目标优化模型。与上一代算法（NSGA-Ⅱ）相比，NSGA-Ⅲ引入基于参考点的选择机制，因而得以求解高维多目标优化问题，同时继承了 NSGA-Ⅱ的主要功能。NSGA-Ⅲ有五个步骤：初始化种群、锦标赛选择、子代生成、非支配排序和基于参考点的选择机制。除总体初始化外的所有步骤都循环，直到满足终止条件。该算法的示意图如图 6-2 所示。

1. 初始化种群

该算法的第一步是设置决策变量的初始状态。根据给定的下边界和上边界，随机生成 82 个普及率变量构成的个体，并重复上述步骤，最终形成了一个种群。

2. 锦标赛选择

参照自然界的物竞天择理论，在算法中引入锦标赛选择，以确定哪个解更有能力产生子代。作为一个受约束的问题，需要将约束违反度指标作为选择的重要依据，步骤如下：

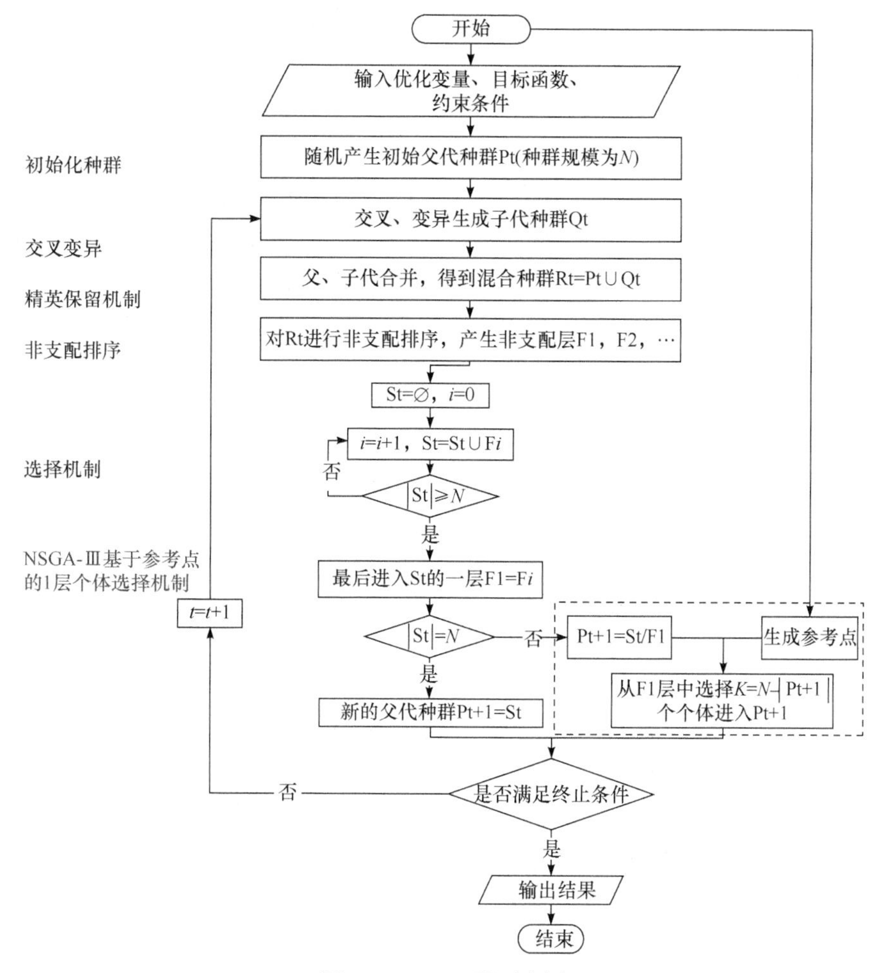

图 6-2　NSGA-Ⅲ示意图

（1）约束违反度计算。此步骤假定存在 C 个不等式约束和 D 个等式约束。为了比较不同约束的违反程度，采用规范的违反度指标来计算（例如，不等式约束的计算公式是 $\overline{g}_c = g_c / b_c - 1$），将各个目标上的违反度相加得到约束违反度值，如式（6-9）所示：

$$\mathrm{CV}=\sum_{c=1}^{C}\left|\overline{g}_c\right|+\sum_{d=1}^{D}\left|\overline{h}_d\right| \tag{6-9}$$

（2）随机从种群中选择两个解 p_1 和 p_2 作为备选。

（3）锦标赛选择。如果两者 p_1 和 p_2 均为可行解（CV = 0），就从这两个备选解中随机选择一个；如果 p_1 是可行解，而 p_2 不是，选择 p_1 作为亲代样本，如果两者都是不可行的，则选择具有较小 CV 的解决方案。

（4）重复步骤（2）和（3）以生成其他亲代样本。这一过程将循环进行，直到亲代样本数量达到种群数量。

3. 子代生成

该步骤模仿自然界的生物遗传过程，对亲代实施交叉和突变以生成子代。交叉算子中，两个亲代样本分别交换它们信息的一部分，而突变代表随机的变化。在这里，我们定义了三种类型的参数：交叉概率（crossover probability，CP）、突变规模（mutation scale，MS）和突变概率（mutation probability，MP）。其中，CP 和 MP 分别表示在一个解中交叉或变异的变量的比例，而 MS 是指出现变异的解相对于种群的比例。子代生成的过程见如下步骤：

（1）选择父代种群中的两个个体，其中选择部分（$V \times$ CP）相互交叉生成两个新的解。

（2）重复步骤（1），直到解决方案数等于 N。

（3）随机选择 $N \times$ MS 个解进行变异，其中每个解中的变异变量的数量为（$V \times$ MP），变异后的解即为子代。

4. 非支配排序

NSGA 系列算法的核心模块是非支配排序，它基于样本的非支配关系对种群进行排序，将解分为多个层，以解所在层数作为相对优劣的评价标准。在应用非支配排序之前，算法通过精英保存机制来保存亲代样本，将亲代和子代合并形成混合种群。这一机制是 NSGA-Ⅱ和 NSGA-Ⅲ的一项重要创新，可以保存表现优良的亲代样本。

作为一个带有约束条件的问题，传统的支配关系应该修改为约束修正的主导关系（constrained-dominated relationship）。对于 A 和 B 两个解，如果①A 为可行解，B 为不可行解；②两者都是不可行解，但是 A 的约束违反度小于 B；③两者均为可行解，但 A 在所有目标中的表现都优于 B，那么认为 A 支配 B。依据这种支配关系判断机制，NSGA-Ⅲ通过快速非支配排序法对所有解决方案进行分层：对于特定解决方案，将计算支配它的解的数目 n_p 以及它支配的解的集合。如果解决方案的 n_p 等于 0，这意味着没有其他解主导此解决方案，它将被分类为第一层，并且它支配的解的集合中的各个解的对应的 n_p 将减去 1，然后再次筛选，此时 n_p 等于 0 的解，进入第二层。通过重复上述步骤，所有解都会被分入不同层，其中层数较低的解优于层数较高的解。

5. 基于参考点的选择机制

在非支配排序之后，由父代和子代形成的混合种群被分为一系列层。为了在下一代中选择表现较优的 N 个个体，NSGA-Ⅲ算法引入了一种基于参考点的选择机制，该机制保证了分布的均匀性，增强了多目标优化问题的优化驱动力。

算法是否基于参考点的选择机制，取决于可行解的数量。与非支配排序原则一样，可行的解按非支配关系排序，而不可行的解通过约束违反度值进行排序。在这种情况下，如果可行解的数量小于 N，则所有可行的解都包含在下一代的亲代中，然后再依据约束违反度由低到高选择不可行解，直到下一代样本数量也达到 N。在这种情况下，选择机制将不会被触发。

但是，如果可行解的数量大于 N，则必然存在一个关键层 CF，即在 CF 的下一层中解数量总和小于 N，但包含 CF 的层的解后总和大于 N。因此，算法将在 CF 层中选择部分解决方案进入下一代。此处采用基于参考点的选择机制，以决定将从 CF 中选择哪些解，包括参考点生成、参考点与解关联以及选择下一代解等步骤。

1）参考点生成

生成参考点的目的是覆盖解集空间中的各个方向，每个参考点被分配到各个目标形成的超平面中。算法用户可以通过主观偏好或按照平均分布的方式设置参考点。在设置参考点后，可通过连接原点和参考点形成参考线，示意图如图 6-3 所示。

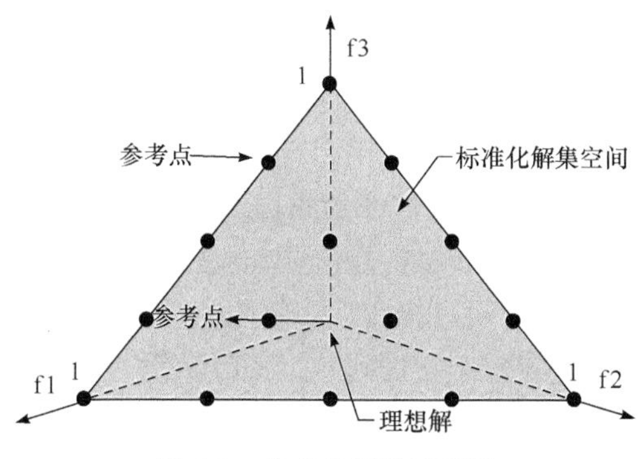

图 6-3　参考点设置示意图

2）参考点与解关联

在此步骤中，首先将理想点定义为每个目标中解决方案的最小值，将目标空间中的极大值定义为最大值，从而将各个解进行标准化处理。基于此，计算解在各维目标下的标准化值，如式（6-10）所示：

$$f'_{\text{obj}} = \frac{f_{\text{obj}} - f_{\text{obj}}^{\min}}{f_{\text{obj}}^{\max} - f_{\text{obj}}^{\min}} \tag{6-10}$$

在这种情况下，标准化的目标值将介于 0～1。然后，算法计算各个解所在的空间标准化坐标和各条参考线的欧氏距离，判断距离解最近的参考线，则定义这个解隶属于相应的参考点。

3）选择下一代解

最后一步是将 CF 层中的部分解添加到下一代。根据上述关联方法，判定所有不高于 CF 层中的所有解隶属的参考点，即可以计算每个参考点 ρ_j 隶属的解的数量。接下来，选取已进入下一代中的隶属解最少的参考点，选择它们在 CF 层中隶属的解放入下一代，从而尽可能保证下一代中各个参考点隶属的解数量均匀，保持解决方案分布的均匀性，这样可以避免优化解集过早陷入局部最优。

6. 算法参数设置

为了提高计算效率和优化质量，应设置合理的算法参数。NSGA-Ⅲ中涉及六种类型的参数：种群规模（N）、最大迭代代数（Max_{it}）、交叉概率（CP）、突变规模（MS）、突变概率（MP）和参考点划分数量（D）。这些参数的值显示在表 6-5 中。

表 6-5　算法参数

N	Max_{it}	CP	MS	MP	D
200	200	0.9	0.1	0.2	4

7. 算法性能评价

在采用最终解决方案集之前，使用一系列指标来评估算法性能，以证明结果的可靠性。一些广泛用于评估算法性能的指标，如世代距离（generational distance，GD）和反向世代距离（inverted generational distance，IGD），但此类指标适用于具有理想解的问题，因为它们通过比较理想解与实际解的距离来判定算法的优劣。而本研究为实际的工业节能减排管理问题，实际上没有理想解，应采用其他评价方法。本研究选择两个指标：质心距离、间距度量值来评估算法性能。

1）质心距离

该指标考虑了每代的帕累托解和原点的欧氏距离，以反映优化解集的收敛性。解集达到全局最优的一个必要条件是解集实现了收敛，即在不同优化代数中保持基本不变，没有进一步的优化空间。因此，质心距离可以用于判断算法设置的最大迭代次数参数是否合理。此外，质心距离也可反映优化解集整体的变动情况。质心距离的计算方法如式（6-11）所示：

$$\mathrm{CD}=\frac{1}{N}\sum_{n=1}^{N}\sqrt{\sum_{\mathrm{obj}}\left(f_{n,\mathrm{obj}}^{2}\right)} \tag{6-11}$$

2）间距度量值

间距度量值用于反映解集的均匀性。它计算两个相邻排列的解之间距离的标准偏差。间距度量值较低反映解集分布较均匀。间距指标的计算方法如式（6-12）所示，其中 d_n 指第 n 点和第 n–1 点之间的距离，$\bar{d}$ 指平均距离。

$$\text{SM}=\sqrt{\frac{1}{N-2}\sum_{n=1}^{N-1}\left(d_n-\bar{d}\right)} \tag{6-12}$$

以上算法通过 m 语言编程实现，基于 MATLAB R2019b 运行得到，相关代码详见附录 B。

6.4　基于模糊 C 均值聚类的最终优化方案生成

在获得由 NSGA-Ⅲ设置的解集后，往往会存在大量非支配解，因此很难得出最终决策方案。因此，为了协助决策者制定最终决策方案，应选择适当的聚类方法整合非支配解的信息。此外，与第 4 章的技术选择类似，节能减排决策也存在着不同的目标偏好。类似在实际管理中，有的管理人员希望优先考虑节能，而另一些管理人员则注重减排或成本控制目标。因此，需要基于目标偏好制定不同的决策方案。本研究利用模糊 C 均值聚类算法获取最终决策方案，共考虑了四种偏好：节能偏好（energy conservation preference，ECP）、污染物减排偏好（emission reduction preference，ERP）、成本控制偏好（cost control preference，CCP）和综合偏好（integrated preference，IP）。

模糊 C 均值聚类算法的主要步骤如下：

（1）确定初始聚类中心。

初始聚类中心的确定至关重要，因为它决定了最终的聚类结果。因此，需要根据优化解集，综合计算不同偏好下的目标值。首先，所有解都依照式（6-10）进行规范化，然后根据不同偏好下的权重计算得到解的得分：偏好的目标的权重为 0.6，而其他目标的权重为 0.2。例如，在节能偏好下，每个解的得分的计算方法是将规范化后的能耗值乘以 0.6，其他规范化目标值乘以 0.2（在 IP 偏好下，所有目标的权重为 0.33）。

计算每个解的所有得分后，分别比较四种偏好下的得分高低：由于研究的目标值均为越小越优，一个解如果在某个偏好的总分最低，则认为该解更符合此偏好，因此具有此偏好的决策者更有可能选择这个解作为决策方案。最后，把分别符合四种偏好的解筛选出来，取它们的平均值为初始聚类中心。

（2）构建模糊 C 均值聚类函数。

模糊 C 均值聚类算法是一个迭代过程，包含一个最小化的规划函数。在此步骤中，函数中引入隶属度（μ_{lk}）的概念来反映解决方案点 l 与聚类中心 k 的“隶属”关系。μ的取值为 0～1，较高的μ表示解的特征与聚类中心更重合，隶属度更高。在普通 C 均值聚类算法中，解只能隶属于某个特定聚类中心，μ的值非 0 即 1；而在模糊 C 均值聚类算法中，解相对各个聚类中心可以有不同μ值，只需符合对各个聚类中心的总和等于 1。定义μ组成聚类矩阵$U=[\mu_{lk}]^{N\times K}$，聚类中心矩阵为$P=[p_1,p_2,\cdots,p_k]$，参数 d_{lk} 指示从解点 l 到聚类中心 k 的欧氏距离，该目标函数显示在式（6-13）中：

$$J(U,P)=\sum_{k=1}^{K}\sum_{l=1}^{N}\mu_{lk}^{m}d_{lk} \tag{6-13}$$

其中

$$\sum_{k}^{K}\mu_{lk}=1$$

$m\in[1,\ +\infty]$，是一个常量，反映模糊度取值对结果的影响，本研究设定 m 为 2。

通过拉格朗日乘数可以迭代计算μ_{lk}和 p_k，并且据此找到式（6-13）的最小值，详见式（6-14）和式（6-15）。

$$\mu_{lk}=\frac{1}{\sum_{j=1}^{K}\left(\frac{d_{ik}}{d_{jk}}\right)^{\frac{2}{m-1}}} \tag{6-14}$$

$$p_k=\frac{\sum_{l=1}^{N}(\mu_{lk})^m x_l}{\sum_{l=1}^{N}(\mu_{lk})^m} \tag{6-15}$$

此外，将设置一个ε停止阈值，以决定何时终止迭代过程。当相邻两代的欧氏距离小于ε时，认为聚类过程已完成，并输出最终的聚类中心。否则，式（6-14）和式（6-15）将重复，直到满足终止条件。

6.5 钢铁行业系统高维多目标优化结果

6.5.1 优化算法评价

本部分利用 6.4 节中提出的方法，对算法性能进行了评价，以检验优化结果的可靠性。

1. 质心距离结果

为了清楚地描述每个目标中设置的解决方案的性能，选择迭代次数作为 x 轴，质心距离的值作为 y 轴。由于所有目标均为最小化，较低的质心距离意味着目标整体性能更优。结果如图 6-4 所示，随着代数（即迭代次数）的增加，质心距离迅速减小，并在 150 代前后达到收敛，这意味着解集在迭代终止之前稳定下来，优化结果可以有效支撑最终决策方案。

2. 间距度量值的结果

间距度量值随迭代次数变化的结果如图 6-5 所示，可以看到该值伴随迭代过程显著下降，可认为最优解集均匀性在不断提高。在运算效率方面，本研究中 NSGA-Ⅲ算法的执行时间约为 10s/代，完整运行算法约耗时 3min，算法效率较高。

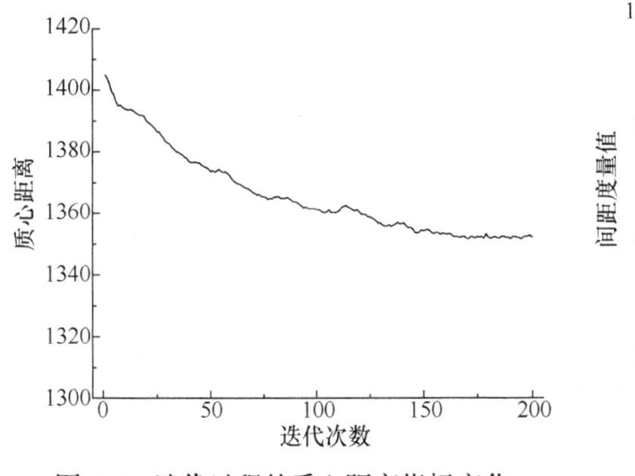

图 6-4　迭代过程的质心距离指标变化

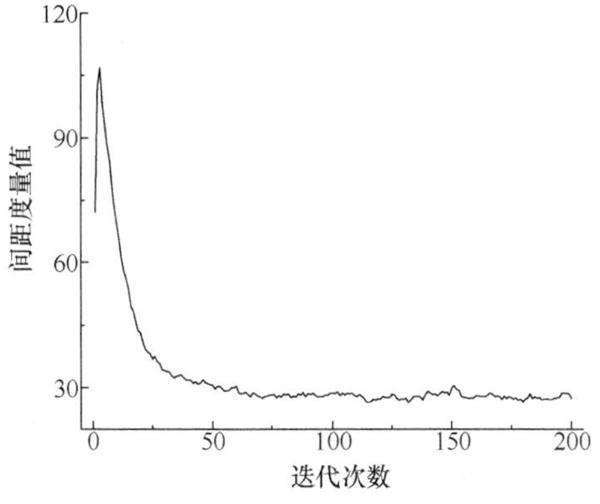

图 6-5　不同代的间距度量值

6.5.2　优化结果概述

图 6-6 中列出了各维目标中最优解的平均值及其范围。与基准年相比，可以看到最优解在各维目标上均实现了显著提升，这印证了节能减排措施的应用可以大大促进中国钢铁行业的环境管理。具体考虑各项指标，吨钢能耗指标平均降低 6.86%，而吨钢 SO_2、NO_x、PM 排放指标分别下降 19.11%、11.02%和 17.82%。此外，COD 和 NH_3-N 减排目标也下降了 16.38%和 14.90%。在成本控制目标方面，钢铁行业节能减排优化解集之间存在显著差异，幅度介于 33.36～81.51 元/t 钢。

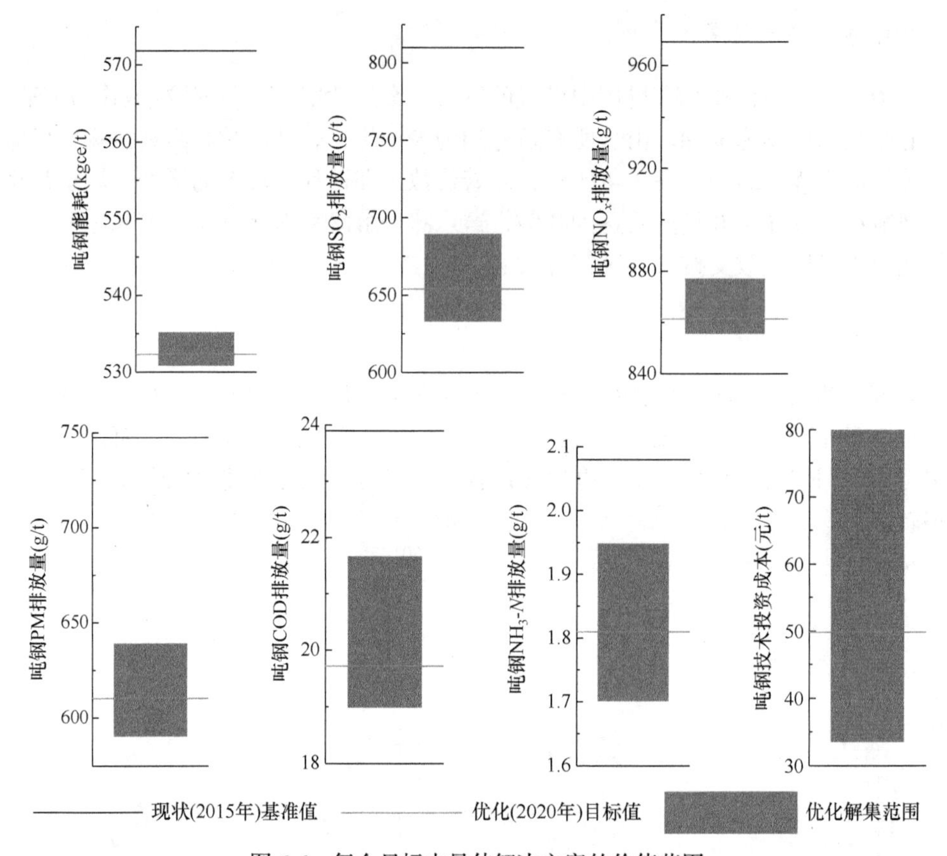

图 6-6 每个目标中最佳解决方案的价值范围

6.5.3 最终优化方案

如前所述，通过模糊 C 均值聚类算法得出四种目标偏好下的最终决策方案。表 6-6 显示了四种决策方案的目标性能。可以看到不同偏好下存在一定差异，例如，ECP、ERP 和 CCP 方案，在各自的偏好即能耗、污染物排放和经济成本目标下分别具有最佳绩效，而 IP 下的目标性能相对平衡。可以判断这些方案相应的节能减排措施是否达到国家工业节能减排目标。总体来看，由于不确定性因素的影响，ECP 和 CCP 方案在二氧化硫和 COD 减排上可能承受一定的不达标风险。因此，如果采用这两个目标偏好下的方案，应强化节能减排措施以确保它们能够实现。此外，这些方案提示决策者平衡节能减排管理的环境效益和经济成本。随着工业环境管理的不断深入，节能减排的边际成本急剧上升。因此，可开展清洁生产设备和技术的创新，以扩大钢铁行业节能减排的潜在空间。

表 6-6　四种决策方案的目标性能

	能耗（kgce/t）	SO_2 排放（g/t）	NO_x 排放（g/t）	PM 排放（g/t）	COD 排放（g/t）	NH_3-N 排放（g/t）	经济成本（元/t）
ECP	531.20	668.55	872.84	629.58	21.55	1.87	67.07
ERP	534.36	638.11	857.57	594.90	19.25	1.73	68.17
CCP	535.84	669.74	873.14	629.73	21.15	1.90	38.18
IP	533.91	662.77	870.92	624.75	20.88	1.83	57.44

同时，优化方案中包含对应的主体工艺结构升级和技术推广方案。各项主体工艺设备的普及率如图 6-7 所示。从图中看，各个决策方案之间有一定区别，但

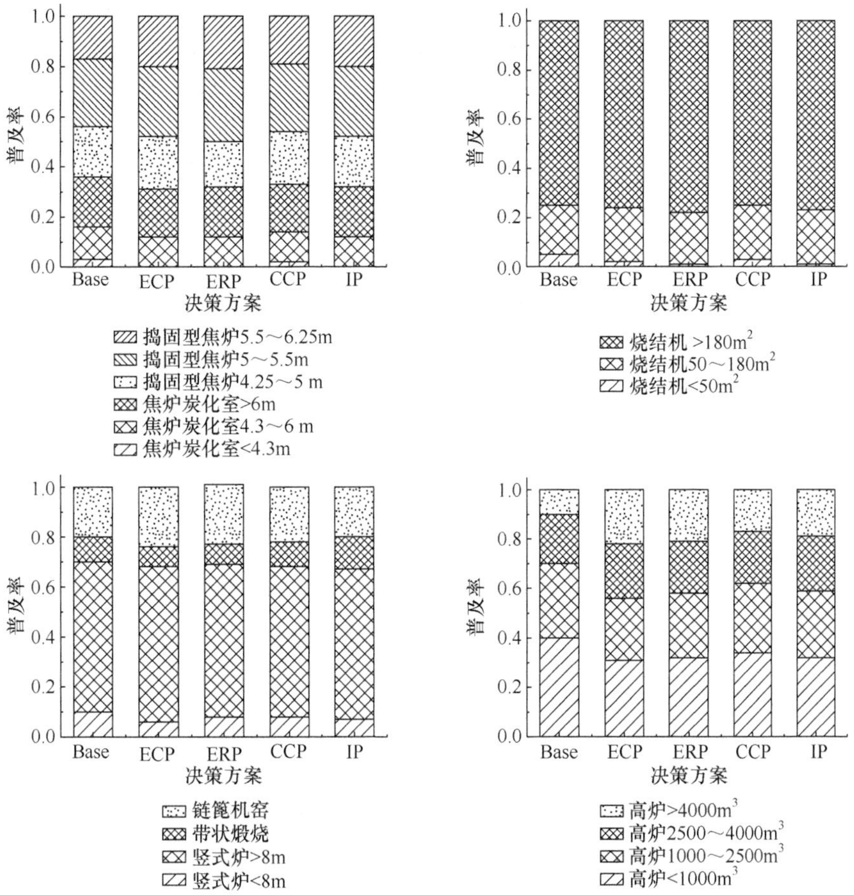

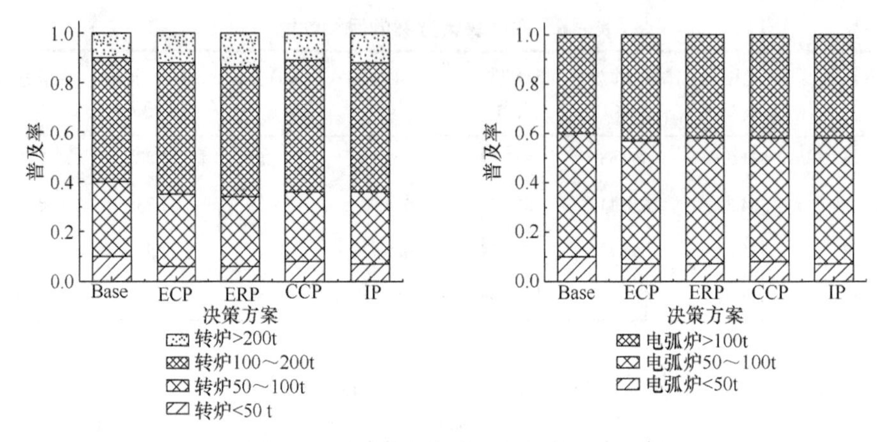

图 6-7　四种决策方案中工艺设备的普及率

与基准年相比，所有方案均有不同程度的设备大型化趋势。同时，各项技术在优化方案下的目标普及率如表 6-7 所示，各项技术间存在小幅的推广目标差异，一般在 2%以内。

表 6-7　四种决策方案中技术推广的普及率

技术编号	偏好			
	ECP	ERP	CCP	IP
CLP1	21.18%	21.25%	20.90%	21.08%
CLP2	15.36%	15.38%	15.69%	15.51%
CLP3	91.78%	91.56%	91.19%	91.55%
CLP4	19.11%	19.19%	19.08%	18.99%
CLP5	36.17%	35.40%	35.37%	35.36%
CLP6	29.41%	29.40%	29.76%	29.39%
CLP7	72.85%	71.26%	70.88%	71.39%
CLP8	66.29%	65.16%	65.62%	65.76%
CLP9	45.87%	45.18%	45.25%	45.31%
CLP10	54.03%	53.29%	53.81%	54.06%
CLP11	62.74%	62.59%	62.86%	62.38%
CLP12	7.83%	7.90%	7.84%	7.71%
CLP13	32.96%	32.57%	32.44%	32.47%
CLP14	48.98%	48.91%	48.60%	48.63%
CLP15	74.46%	74.09%	73.70%	74.00%
CLP16	5.91%	5.71%	5.98%	5.78%
CLP17	75.60%	75.57%	74.99%	75.41%
CLP18	69.24%	69.40%	69.24%	69.25%

续表

技术编号	偏好			
	ECP	ERP	CCP	IP
CLP19	33.05%	32.86%	32.95%	32.78%
CLP20	94.93%	94.49%	94.60%	94.61%
CLP21	9.14%	9.28%	9.19%	9.59%
CLP22	79.09%	79.12%	78.75%	78.56%
CLP23	5.27%	5.49%	5.23%	5.34%
CLP24	12.47%	12.56%	12.79%	12.72%
CLP25	76.69%	76.47%	76.19%	76.65%
CLP26	59.01%	59.26%	59.08%	59.62%
CLP27	18.30%	18.40%	18.46%	18.48%
CLP28	11.66%	11.69%	11.85%	11.56%
CLP29	88.91%	88.61%	89.67%	88.80%
CLP30	30.40%	30.13%	29.71%	29.76%
EOP1	30.17%	30.69%	30.60%	30.65%
EOP2	66.75%	67.00%	67.05%	67.05%
EOP3	15.66%	16.30%	15.76%	15.84%
EOP4	23.37%	23.00%	24.19%	23.90%
EOP5	22.99%	23.21%	23.06%	23.00%
EOP6	37.99%	37.48%	36.99%	37.26%
EOP7	12.98%	12.24%	12.49%	12.46%
EOP8	87.02%	87.76%	87.51%	87.54%
EOP9	28.04%	26.76%	28.16%	27.73%
EOP10	71.96%	73.24%	71.84%	72.27%
EOP11	13.15%	13.06%	13.36%	13.14%
EOP12	22.85%	22.92%	23.31%	23.26%
EOP13	61.35%	61.52%	62.08%	60.79%
SC1	57.29%	57.54%	57.19%	57.20%
SC2	92.73%	92.49%	92.72%	92.76%
SC3	85.98%	86.01%	85.97%	85.91%
SC4	35.98%	35.80%	35.54%	35.57%
SC5	95.60%	95.05%	94.86%	95.32%
SC6	60.03%	59.62%	59.36%	59.97%
SC7	43.42%	43.07%	42.47%	43.11%
SC8	67.06%	67.09%	67.04%	67.08%
SC9	33.61%	33.33%	33.43%	33.62%

续表

技术编号	偏好			
	ECP	ERP	CCP	IP
SC10	70.09%	69.94%	69.86%	69.59%
SC11	56.74%	56.03%	55.90%	56.20%
SC12	98.19%	97.81%	97.91%	97.94%
SC13	95.33%	95.18%	95.22%	95.38%
SC14	89.70%	89.12%	89.43%	89.43%
SC15	71.23%	71.48%	71.36%	71.46%

6.6 本章小结

随着工业节能减排目标数量和标准水平的日益提升，行业节能减排管理难度相应增加，实施节能减排系统化决策，迫切需依靠高维多目标优化模型的建立和算法求解。为了解决这一问题，本章以钢铁行业为例建立了高维多目标优化模型，同时优化能耗、五种污染物的排放（SO_2、NO_x、PM、COD 和 NH_3-N）、总经济成本，通过 NSGA-Ⅲ方法求解获得帕累托最优解集，并基于模糊 C 均值聚类提出四个最终决策方案。

首先，研究证明了高维多目标优化算法可支撑行业节能减排系统化决策。研究引入了质心距离、间距度量值和计算效率三种评价指标，以测试算法的性能并确认其可行性。通过 NSGA-Ⅲ算法的运算，获得了 200 个帕累托最优解，相比基准情况的目标性能显著提高，具有一定的政策可操作性，为多目标约束下的行业节能减排系统化决策提供科学依据。

其次，基于优化结果，可以为钢铁行业的环境管理提供一些更有效率的建议。本研究得到的四个最终决策方案，其中吨钢能耗为 531.20～535.84kgce/t，吨钢 SO_2、NO_x、PM、COD 和 NH_3-N 排放指标分别为 638.11～669.74g/t、857.57～873.14g/t、594.90～629.73g/t、19.25～21.55g/t、1.73～1.90g/t。为了实现上述优化目标，可采取经济刺激政策，对于不同类型的技术综合考虑推广和更新的成本，实行差别化推广措施。

参考文献

[1] Li N, Ma D, Chen W. Projection of cement demand and analysis of the impacts of carbon tax on cement industry in China[J]. Energy Procedia, 2015, 75: 1766-1771.
[2] Wen Z, Chen M, Meng F. Evaluation of energy saving potential in China's cement industry using

the Asian-Pacific Integrated Model and the technology promotion policy analysis[J]. Energy Policy, 2015, 77: 227-237.

[3] Wen Z, Meng F, Chen M. Estimates of the potential for energy conservation and CO_2 emissions mitigation based on Asian-Pacific Integrated Model (AIM): The case of the iron and steel industry in China[J]. Journal of Cleaner Production, 2014, 65: 120-130.

[4] Oda J, Akimoto K, Sano F, et al. Diffusion of CCS and energy efficient technologies in power and iron & steel sectors[J]. Energy Procedia, 2009, 1(1): 155-161.

[5] Sano F, Akimoto K, Wada K, et al. Analysis of CCS diffusion for CO_2 emission reduction considering technology diffusion barriers in the real world[J]. Energy Procedia, 2013, 37: 7582-7589.

[6] Bischi A, Taccari L, Martelli E, et al. A detailed MILP optimization model for combined cooling, heat and power system operation planning[J]. Energy, 2014, 74: 12-26.

[7] Wang X, Palazoglu A, El-Farra N H. Operational optimization and demand response of hybrid renewable energy systems[J]. Applied Energy, 2015, 143: 324-335.

[8] Chen W, Yin X, Ma D. A bottom-up analysis of China's iron and steel industrial[8] energy consumption and CO_2 emissions[J]. Applied Energy, 2014, 136: 1174-1183.

[9] Park N B, Park S Y, Kim J J, et al. Technical and economic potential of highly efficient boiler technologies in the Korean industrial sector[J]. Energy, 2017, 121: 884-891.

[10] Park S Y, Yun B Y, Yun C Y, et al. An analysis of the optimum renewable energy portfolio using the bottom-up model: Focusing on the electricity generation sector in South Korea[J]. Renewable & Sustainable Energy Reviews, 2016, 53: 319-329.

[11] An R, Yu B, Li R, et al. Potential of energy savings and CO_2 emission reduction in China's iron and steel industry[J]. Applied Energy, 2018, 226(15): 862-880.

[12] Chen J M, Yu B, Wei Y M. Energy technology roadmap for ethylene industry in China[J]. Applied Energy, 2018, 224: 160-174.

[13] Tang B, Li R, Yu B, et al. How to peak carbon emissions in China's power sector: A regional perspective[J]. Energy Policy, 2018, 120: 365-381.

[14] Nguyen T, Laratte B, Guillaume B, et al. Quantifying environmental externalities with a view to internalizing them in the price of products, using different monetization models[J]. Resources Conservation & Recycling, 2016, 109: 13-23.

[15] Wang L, Watanabe T, Xu Z. Monetization of external costs using lifecycle analysis—A comparative case study of coal-fired and biomass power plants in Northeast China[J]. Energies, 2015, 8: 1440-1467.

[16] Winden M, Cruze N, Haab T, et al. Monetized value of the environmental, health and resource externalities of soy biodiesel[J]. Energy Economics, 2015, 47: 18-24.

[17] Holland J. Erratum: Genetic algorithms and the optimal allocation of trials[J]. SIAM Journal on Computing, 1973, 2(2): 88-105.

[18] Kennedy R. A new optimizer using particle swarm theory[J]. Micro Machine and Human Science, 1995 MHS'95, Proceedings of the Sixth International Symposium on IEEE, 1995, 39-43.

[19] Karaboga D, Basturk B. A powerful and efficient algorithm for numerical function optimization: Artificial bee colony (ABC) algorithm[J]. Journal of Global Optimization, 2007, 39(3): 459-471.

[20] Yu S, Zheng S, Gao S, et al. A multi-objective decision model for investment in energy savings and emission reductions in coal mining[J]. European Journal of Operational Research, 2016, 260(1): 335-347.

[21] Liu J, Li J. A bi-level energy-saving dispatch in smart grid considering interaction between generation and load[J]. IEEE Transactions Smart Grid, 2015, 6(3): 1443-1452.

[22] Yu S, Zheng S, Ba G, et al. Can China realise its energy-savings goal by adjusting its industrial structure?[J]. Economic Systems Research, 2015, 28(2): 273-293.

[23] Lu C, Gao L, Li X, et al. Energy-efficient permutation flow shop scheduling problem using a hybrid multi-objective backtracking search algorithm[J]. Journal of Cleaner Production, 2017, 144: 228-238.

[24] Sweetapple C, Fu G, Butler D. Multi-objective optimisation of wastewater treatment plant control to reduce greenhouse gas emissions[J]. Water Research, 2014, 55: 52-62.

[25] Wang C, Olsson G, Liu Y. Coal-fired power industry water-energy-emission nexus: A multi-objective optimization[J]. Journal of Cleaner Production, 2018, 203: 367-375.

[26] Wang C, Wang R, Hertwich E, et al. A technology-based analysis of the water-energy-emission nexus of China's steel industry[J]. Resources Conservation & Recycling, 2017, 124: 116-128.

[27] Gong H, Chen Z, Zhu Q, et al. A Monte Carlo and PSO based virtual sample generation method for enhancing the energy prediction and energy optimization on small data problem: An empirical study of petrochemical industries[J]. Applied Energy, 2017, 197: 405-415.

[28] Kadambala D, Subramanian N, Tiwari M, et al. Closed loop supply chain networks: Designs for energy and time value efficiency[J]. International Journal of Production Economics, 2017, 183: 382-393.

[29] Yu S, Zheng S, Zhang X, et al. Realizing China's goals on energy saving and pollution reduction: Industrial structure multi-objective optimization approach[J]. Energy Policy, 2018, 122: 300-312.

[30] Lin W M, Tu C S, Tsai M T. Energy management strategy for microgrids by using enhanced bee colony optimization[J]. Energies, 2015, 9(1): 5.

[31] Tao F, Bi LN, Zuo Y, et al. A hybrid group leader algorithm for green material selection with energy consideration in product design[J]. CIRP Annals, 2016, 65(1): 9-12.

[32] Deb K, Jain H. An evolutionary many-objective optimization algorithm using reference-point-based nondominated sorting approach. Part I: Solving problems with box constraints[J]. IEEE Transactions on Evolutionary Computation, 2014, 18(4): 577-601.

[33] Tavana M, Li Z, Mobin M, et al. Multi-objective control chart design optimization using NSGA-Ⅲ and MOPSO enhanced with DEA and TOPSIS[J]. Expert Systems with Applications, 2016, 50: 17-39.

[34] Mkaouer W, Kessentini M, Shaout A, et al. Many-objective software remodularization using NSGA-Ⅲ[J]. ACM Transactions on Software Engineering and Methodology, 2015, 24: 1-45.

[35] Yuan X, Tian H, Yuan Y, et al. An extended NSGA-Ⅲ for solution multi-objective hydro-

thermal-wind scheduling considering wind power cost[J]. Energy Conversion & Management, 2015, 96: 568-578.

[36] Yuan Y, Xu H, Wang B. An improved NSGA-Ⅲ procedure for evolutionary many-objective optimization[J]. ACM, 2014: 661-668.

[37] Zhu Y, Liang J, Chen J, et al. An improved NSGA-Ⅲ algorithm for feature selection used in intrusion detection[J]. Knowledge-Based Systems, 2017, 116: 74-85.

第 7 章　工业节能减排管理的不确定性分析

工业生产过程受到多种因素的影响，使得行业节能减排的精准化管理和系统化决策实践往往存在不确定性问题。首先，宏观经济形势的变化可能会影响能源和工业产品的价格，从而引入外部的不确定性[2]。其次，产业结构预测存在波动，导致产业发展存在不确定性[3]。最后，依附于某一行业技术系统的理想情况与实际性能之间可能会出现差异，从而产生技术参数的不确定性[4]。由于这三种不确定性，工业部门的能耗、污染物排放对多种因素高度敏感，很难进行准确预测，对精准化管理和系统化决策造成困难。为此，本章基于大样本采样方法，开发了行业节能减排不确定性分析模型，以钢铁行业节能管理为例实现应用。

7.1　工业节能减排不确定性分析研究现状

根据 Walker 的定义[5]，系统的不确定性是指由于信息的缺乏及系统本身固有的差异性，对理想情形下的预测出现偏差。系统中存在的所有不确定性源，都会以特定的方式显著影响系统最终的输出结果[6]。因此，在评估时需要考虑不确定性因素并模拟出不同结果的概率分布情况，而并非单一的结果[7]，以提高政策措施的可靠性。

目前大多数与行业节能减排管理相关的研究忽略了不确定性因素。现有研究采用的一种传统方法是预测行业的发展趋势[8]，即预测某一特定行业的节能潜力，并识别出提高能源效率的有效策略。然而问题在于，不确定性因素的存在可能会导致预测结果与实际情况不符，故无法保证结果的有效性。情景分析法是处理这种情况的一种常见方法[9]，即利用外生假设的情景来描述未来的发展路径。一些研究[10-15]在使用该方法时设置了一系列情景来预测特定行业可能出现的发展趋势，并提出了不同的节能策略。尽管情景分析法在单次预测上有所改进，但该方法也存在一些明显的缺陷。首先，有限的情景无法涵盖某一行业未来所有的发展情形，因此离散的预测是不够的，这点与单次预测类似。其次，情景设定的过程存在一定的主观性，认知偏差可能会导致预测结果不准确[16]。因此，基于情景分析法得到的理论结果可能与实际情况存在较大差异，导致节能策略的实施效果不佳，增加能源管理风险。

目前已有许多研究开始关注节能减排领域的不确定性分析。以能源领域为例，大多数研究关注的是能源评估模型的不确定性，如建筑能源模型[17-21]、能源系统规划模型[22-24]、可再生能源应用模型[25, 26]。上述研究采用随机抽样的方法进行不确定性分析，以确保能够涵盖关键不确定性因素的波动范围。然而，这些方法在工业部门的节能管理中应用较少。

综上所述，本章拟将不确定性分析引入工业节能减排管理中，建立行业节能减排不确定性分析模型，识别主要的不确定性因素，定量评估其对工业节能减排政策制定的影响，并以钢铁行业节能管理为例开展管理实践，以期为工业节能管理和规划提供相关参考，规避工业节能减排管理工作中的不确定性风险。

7.2　工业节能减排不确定性分析模型及实践

7.2.1　模型架构

工业节能减排不确定性分析模型共包括四个模块：行业技术系统模拟、数据收集与设置、环境影响核算和不确定性分析（图 7-1）。模块 1 描述了生产过程的原料、工艺、技术和产品之间的关系。模块 2 主要是收集行业水平参数、技术参数、常数等参数并预测其变化趋势，同时对不同情景中的参数进行设置。基于这两个模块，模块 3 计算出行业能耗、污染物排放和技术的经济效率，从而评价行业的环境影响。模块 4 主要用于分析不确定性因素，并为工业节能管理提供建议，如制定能耗目标和工业节能战略。

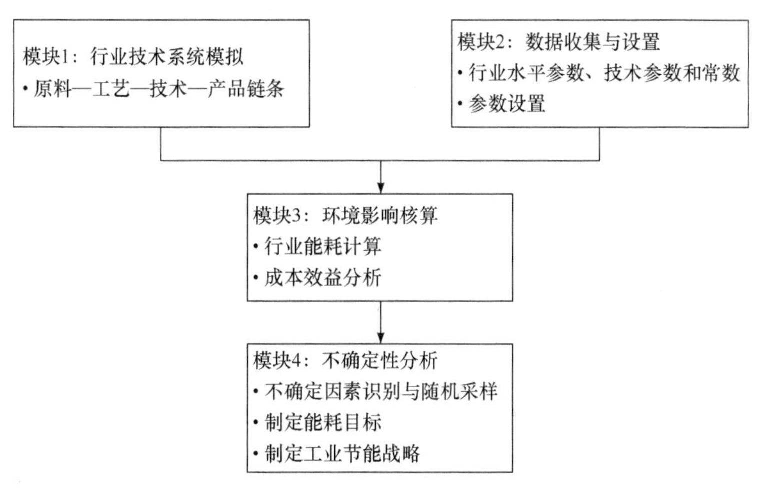

图 7-1　工业节能减排不确定性分析模型

7.2.2　行业技术系统模拟

本研究选取钢铁行业节能管理为案例。第一步为行业技术系统模拟，为了准确模拟技术系统，需要充分认识行业的原料、工艺、产品及相关技术的现状和发展趋势。此外，还需用具体的方式来描述上述生产要素之间的匹配关系，以反映真实的工业生产状况。对钢铁行业技术模拟的详细过程请参考本书第 2 章。同时，本节还对钢铁行业各工序能耗相关技术及节能途径进行分析。通过参考先进技术目录[27, 28]，从措施清单中选择 19 项重点的节点节能技术（表 7-1），并对各项技术进行重新编号。

表 7-1　钢铁行业节能技术

工艺过程	技术	编号
炼焦	煤调湿技术	T1
	干熄焦技术	T2
烧结	小球烧结技术	T3
	降低烧结漏风率技术	T4
	低温烧结技术	T5
	厚料层烧结技术	T6
	烧结余热回收技术	T7
高炉	高炉炼铁精料技术	T8
	高炉脱湿鼓风技术	T9
	高炉炉顶煤气干式余压发电技术（TRT）	T10
	高炉热风炉双预热技术	T11
	高炉喷吹焦炉煤气技术	T12
转炉	高效连铸技术	T13
电炉	电炉优化供电技术	T14
	电炉烟气余热回收除尘技术	T15
	废钢加工分类预处理技术	T16
轧钢	低温轧制技术	T17
	在线热处理技术	T18
	轧钢加热炉蓄热式燃烧技术	T19

7.2.3 案例数据收集

收集的主要数据包括行业参数、技术参数和常数。其中，行业参数反映了行业总体情况，如粗钢产量、钢比、能消强度等。粗钢产量反映了工业规模，钢比参数反映了原料和生产结构。技术参数表征了这些技术的能耗和经济效率，后者可根据固定投资、运营成本和经济效益三类参数得出。常数用于转换不同单位和计算结果，包括能量转换系数和贴现率。上述数据来自行业年鉴[29]、技术目录[27, 28]、指南[30]、相关文献以及本课题组之前的研究[31-33]。所需数据及其来源见表7-2。

表 7-2 钢铁行业不确定性模型的数据需求与来源

参数类型	参数	单位	数据来源
行业参数	粗钢产量	百万 t	行业统计年鉴
	钢比	—	
	吨钢综合能耗	kgce/t	
技术参数	吨钢节能量	kgce/t	行业技术目录 行业技术指南 文献调研
	固定投资	元	
	运营成本	元/a	
	经济效益	元/a	
	技术普及率	%	
常数	贴现率	%	中国人民银行
	能量转换系数	—	国家统计局

本章选择2025年进行不确定性分析，因此需要对部分参数开展预测。以产品产量为例，“十三五”期间，我国政府出台了降低钢铁行业总产量的政策[34]。根据这一信息，本章预测我国粗钢产量在2020年前将快速下降以达到目标，然后下降速度相对放缓，如表7-3所示（注：本研究完成于2018年，钢铁行业2020年实际产量达到了10.53亿t）。对各项技术的普及率预测如表7-4所示。

表 7-3 我国粗钢产量预测

年份	2016	2017	2018	2019	2020	2021	2022	2023	2024	2025
粗钢产量（亿t）	8.08	8.32	8.14	7.97	7.81	7.74	7.67	7.60	7.52	7.46

表 7-4 技术普及率预测

技术	技术普及率		
	2015	2020	2025
T1	25%	45%	70%
T2	10%	20%	25%
T3	60%	80%	85%
T4	40%	50%	60%
T5	60%	90%	95%
T6	80%	90%	95%
T7	20%	35%	45%
T8	40%	60%	70%
T9	5%	15%	20%
T10	55%	70%	80%
T11	20%	40%	55%
T12	1%	10%	20%
T13	80%	90%	95%
T14	20%	50%	70%
T15	50%	70%	85%
T16	15%	40%	55%
T17	10%	30%	50%
T18	30%	45%	55%
T19	55%	75%	90%

7.2.4 能耗及成本核算

1. 行业能耗计算

与第 2 章中的核算办法类似，行业能耗的计算包括两个步骤。第一步，以 2015 年为基准年，得到行业能耗及相关参数。第二步，通过计算基准年和预测年之间的粗钢产量、行业和技术参数的变化来计算结果，如式（7-1）所示：

$$\mathrm{TE}=\sum_{i=1}P_{t+\Delta t}f_{t+\Delta t,i}(E_{t,i}-\sum_{j=1}T_{i,j}\Delta \mathrm{PR}_{i,j}) \tag{7-1}$$

式中，TE 是行业总能耗（百万 tce）；i 是生产工艺；j 是节能技术；P 是粗钢产量（百万 t）；f 是工艺 i 的钢比；E 是各工艺能耗（kgce/t）；T 是技术能效；$\Delta\mathrm{PR}$ 是 t 到 $t+\Delta t$ 时间内技术普及率的变化值。

2. 成本效益分析

技术的应用也可能会产生经济效益，本章以技术投资回收期作为定量评价指标。成本效益分析主要包括两点：

一是计算年投资成本，如式（7-2）所示：

$$fC_j = P_j \cdot \mathrm{IN}_j \cdot \mathrm{PR}_j \cdot \frac{r(1+r)^{\mathrm{TL}_j}}{(1+r)^{\mathrm{TL}_j}-1} \tag{7-2}$$

式中，fC_j 是技术年投资成本（元）；P_j 是技术 j 对应的产品产量（如焦炭、烧结矿、生铁）(t)；PR_j 是技术普及率；IN 是技术总成本（元）；r 是贴现率（%）；TL 是技术寿命（年）。

二是通过年投资成本和净经济效益计算动态投资回收期，该数值反映了技术的经济性能，可为技术推广提供参考。较短的投资回收期意味着成本回收速度更快，技术具有更好的经济效益。动态投资回收期计算方法如式（7-3）所示：

$$T_j = m_j - 1 + \frac{\left|\sum_{t=1}^{m_j}(B_{j,t} - fC_j)/(1+r)^t\right|}{(B_{j,m_j+1} - fC_j)/(1+r)^{m+1}} \tag{7-3}$$

式中，T_j 是动态投资回收期（年）；m 是当累积现金流开始出现正值的年份；B 是技术的净经济效益（总经济效益减去经营成本和折旧成本）。

7.2.5 不确定性分析

为有效规避工业能源管理风险，本节一是识别行业不确定性因素，进行随机采样，二是重点阐述如何确定行业节能目标，三是提出原料和生产结构调整方案，四是采用象限法对节能技术进行分类。

1. 不确定性因素识别

由式（7-1）可知，钢铁行业的能耗水平取决于三个主要因素：产量、原料和生产结构、技术推广。这三个因素的不确定性对节能政策的有效性具有显著影响，究其原因在于每项政策的效果都与行业的实际情况密切相关。例如，能耗强度目标的设定取决于对原料和生产结构的预测以及技术推广情况。然而，如果夸大预测与现实之间的偏差，那么目标要么太难实现，要么太容易实现，从而失去其价值。因此，本章将利用不确定性分析来评估上述三个因素的变化对钢铁行业能耗的影响。

2. 随机采样

基于上述讨论，共选取 25 个参数（1 个产量参数、5 个钢比参数和 19 个技术普及率参数）作为随机采样过程中的不确定性参数。为了模拟参数估计值可能出现的偏差，可将每个参数的波动范围设定为上下采样边界。上述参数的定义及采样范围见表 7-5。

表 7-5 不确定性参数及采样范围

参数	定义	采样范围[a]
产量	粗钢年产量	98%～102%
钢比系数： 焦钢比 烧钢比 铁钢比 材钢比 电炉钢比	消耗的工艺过程产品或最终钢材与粗钢的质量比（如焦钢比是生产 1kg 粗钢时消耗的焦炭质量）	98%～102%
技术普及率	用特定技术生产的产品在总产量中的质量占比	80%～120%[b]

a. 预测值百分比。

b. 如果预测该技术具有较高的普及率，那么采样范围的下限为预测普及率的 80%，上限为 100%。

蒙特卡罗采样方法和拉丁超立方采样方法是随机抽样中常用的方法。其中，拉丁超立方采样方法将整个采样范围划分为 $n \times n$ 个超立方体空间（n 是采样参数的个数），然后在每个空间中随机采样[35]。一般来说，拉丁超立方采样方法在分布拟合和采样效率方面优于蒙特卡罗采样方法[36]。因此，本章采用拉丁超立方采样方法进行采样，对 25 个参数在其波动范围内重复采样 20 万次。

3. 节能目标设定

充分了解行业发展趋势的各种可能性是科学制定行业节能目标的前提。上述每个样本都对应一个节能量，达标率是利用达到或超过该数量的样本数除以样本总数计算得出。在下一步中，将通过设置特定的达标率来提出最终的节能目标，具体包括能耗强度目标（生产 1t 粗钢时减少的能耗）和总节能目标（整个钢铁行业减少的能耗）。

除了设定节能目标外，还需要通过相关分析来识别影响节能效果的关键因素，并提供相关建议以确保以最大概率实现目标。因此，接下来将重点关注行业和技术层面的节能管理。

4. 行业参数划分

本节重点介绍通过调整产业规模和原料及生产结构以达到节能目标的策略。参考已有研究[37-39]，首先根据上一节中设定的节能目标，将样本分为两组：达到节能目标的样本属于达标组，其余的属于不达标组，据此可计算出达标率。其次，随着达标率的提高，划分出四个区域：警戒区、波动区、目标区和可靠区（图 7-2）。达标率越高的样本，其达到设定的节能目标的概率就越大，因此可称之为节能策略。

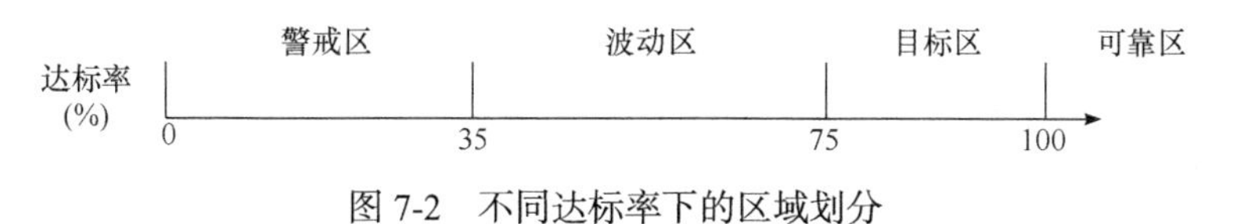

图 7-2　不同达标率下的区域划分

5. 技术分类

根据技术特点对技术政策措施进行分类，是制定技术推广政策的有效途径。在现有的方法中，二维象限法被广泛应用于能源管理领域，即根据两个不同的特征划分整个系统的组成部分[40, 41]。一项技术具有越高的敏感度，其在实现节能目标方面发挥的作用越重要，而技术的经济效益则能有效地加快该技术的推广进程。因此，本章将从对节能的敏感度和经济效益两个方面对技术进行评估分类。

为定量评估技术的敏感度，本小节通过随机抽取技术普及参数来描述技术节能的不确定性，然后通过 Kolmogorov-Smirnov（K-S）检验得到每种技术的敏感性。根据技术的敏感性和动态投资回收期可将技术划分至四个象限，进而在此基础上提出不同的技术推广策略。

7.3　不确定性分析结果

7.3.1　钢铁行业节能目标设定

预计到 2025 年，我国钢铁行业综合能耗可降低至 509.75kgce/t 钢，相较 2015 年降低 62.10gce/t 钢；钢铁行业总体能耗约为 3.8 亿 tce，相较 2015 年降低 7939 万 tce（表 7-6）。上述结果可作为理想情况下的钢铁行业节能目标。然而，不确定性因素的存在，可能会对钢铁行业节能目标的制定带来挑战。那么，这些不确定性因素是否会影响以及会在多大程度上影响钢铁行业节能目标的设定，是需要重点研究的管理问题。

表 7-6　我国钢铁行业能耗变化趋势

年份	吨钢综合能耗（kgce/t 钢）	总能耗（万 tce）
2015	571.85	45966
2025	509.75	38027

为评估不确定性因素对钢铁行业节能目标的影响，本小节将按照 7.2.5 节中所描述的方法进行随机采样，评估结果如图 7-3 所示。2025 年吨钢节能量变动范围为 42.95～79.13kgce/t 钢，总节能量变动范围为 5917 万～9647 万 tce。样本波动范围较大，表明参数不确定性的积累将显著影响钢铁行业的最终能耗预测准确度。

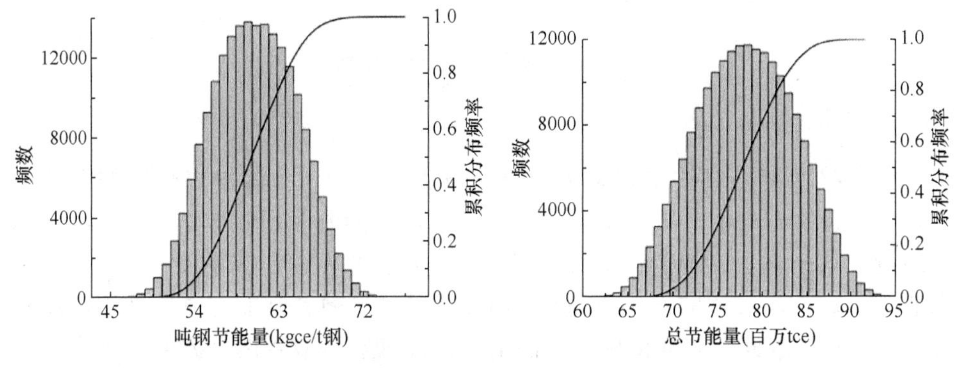

图 7-3　2025 年节能采样结果分布图

基于上述结果可以计算出不同节能量的达标概率，进而科学地制定节能目标，即：既不能过于严格而导致不达标风险太高，也不能过于宽松而起不到约束作用。参考钢铁行业相关规划目标，本章将达标概率设定为 75%。综上所述，钢铁行业最终节能目标设定如表 7-7 所示，即 2025 年能耗强度目标为 57.05kgce/t 钢，节能总量目标为 7404 万 tce。从达标概率来看，2025 年能耗强度目标的达标概率为 41.40%，节能总量目标的达标概率仅为 27.21%。

表 7-7　节能目标设定及达标率预测值

年份	节能目标		达标概率（预测值）	
	能耗强度（kgce/t 钢）	节能总量（万 tce）	能耗强度（%）	节能总量（%）
2025	57.05	7404	41.40	27.21

上述结果证明了在设定钢铁行业节能目标时不确定性因素的影响。其主要原因是工业和技术参数的预测可能不符合未来的实际情况，如果在设定节能目标时不考虑不确定性因素可能会出现两类能源管理风险。第一，节能目标可能过于严

格，一些强制性政策迫使企业必须采取措施以确保实现节能目标，但反过来会对行业运行产生消极影响。第二，节能策略通常是根据现状与未来目标的差距提出的，如果预测偏差过大，则节能策略的执行效果可能较差。

7.3.2　原料-生产结构调整

根据 7.2.5 节中所描述的方法，可将 2025 年能耗强度和节能总量目标下的参数划分为不同区域，如表 7-8 所示。一般来说，参数值的增加意味着工艺过程中原料消耗的增加，进而会导致不达标率的增加。对于吨钢综合能耗目标而言，铁钢比参数分布在四个区域，是最为敏感的参数，而其他参数仅分布在目标区和波动区两个区域。对于节能总量目标而言，粗钢产量参数最为敏感，其分布在四个区域，其他参数则全部分布在中间两个区域（目标区和波动区），关键性参数的采样结果见附录 C。

表 7-8　行业结构参数控制结果

区域	粗钢产量（万 t）	焦钢比	烧钢比	铁钢比	材钢比	电炉钢比
2025 年能源强度目标下参数值划分						
可靠区	—	—	—	0.794～0.801	—	—
目标区	—	0.362～0.370	1.245～1.279	0.801～0.812	1.295～1.320	0.140～0.151
波动区	—	0.370～0.378	1.279～1.395	0.812～0.822	1.320～1.345	0.151～0.160
警戒区	—	—	—	0.822～0.826	—	—
2025 年节能总量目标下参数值划分						
可靠区	73108～73720	—	—	—	—	—
目标区	73320～74910	0.362～0.369	1.245～1.271	0.794～0.811	1.295～1.321	0.140～0.150
波动区	74910～75640	0.369～0.378	1.271～1.295	0.811～0.826	1.321～1.345	0.150～0.160
警戒区	75640～76092	—	—	—	—	—

当参数值处于可靠区或目标区时，不达标概率可以保持在较低水平，节能目标较为容易实现。从行业结构参数控制表可知，综合考虑吨钢节能量目标和节能总量目标时 2025 年行业结构参数控制范围为：粗钢产量<78450 万 t，焦钢比<0.379，烧钢比<1.271，铁钢比<0.811，材钢比<1.320，电炉钢比<0.149。

从上述结果可以看出，部分参数（如 2025 年的焦钢比）比预测值更为严格，这些参数在推进节能战略时应予以重点关注。以焦钢比为例，政府需要出台一系列政策措施强调降低炼钢过程中的焦炭消耗和损失，其有助于降低焦炭生产的能耗，规避节能目标不达标的风险。其他一些关键参数，如铁钢比、粗钢产量等，无论其达标率多高都应严格控制，因为其敏感度较高。电炉钢比参数不敏感，该参数的增加会使达标率略有下降，但一般情况下，电炉的推广可以达到节能的目的，因为其替代了传统的炼钢方法。

此外，从上述结果中还可以发现两个节能目标之间的差异，这表明在制定节能策略时应统筹考虑上述两个目标。当前，我国钢铁行业基于吨钢综合能耗强度设定节能目标，这可能会导致无法实现总体节能目标。因此，制定节能政策时建议综合考虑吨钢节能量目标和节能总量目标，以确保达到节能效果。

7.3.3　技术分类与推广政策

本节选取 19 项节点节能技术，通过对各项技术进行分类以提供不同的技术推广建议。上述 19 项技术被分别划分到四个象限。处于第一象限的技术（灵敏度>0.15，动态投资回收期>5 年）对节能目标相对敏感，经济效益较低；处于第二象限的技术（灵敏度<0.15，动态投资回收期>5 年）对节能目标的敏感度较低，投资回收期较长；处于第三象限的技术（灵敏度<0.15，动态投资回收期<5 年）对节能目标影响不大，但具有较高的经济效益；处于第四象限的技术（灵敏度>0.15，动态投资回收期<5 年）对节能目标的影响较大，但投资回收期较短。

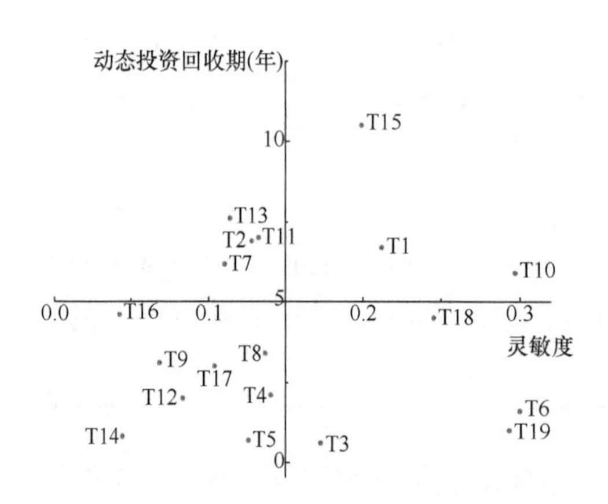

图 7-4　2025 年钢铁行业技术分类

19 项技术的分类结果如图 7-4 所示。预计到 2025 年时，三项技术（T1、T10、T15）处于第一象限，四项技术（T2、T7、T11、T13）处于第二象限，八项技术（T4、T5、T8、T9、T12、T14、T16、T17）处于第三象限，四项技术（T3、T6、T18、T19）处于第四象限。基于图 7-4 所示的分类结果，下一步将设计不同的技术推广政策。

对于处在第一象限的技术，需要以经济刺激作为主要的推广手段。这些技术因其灵敏度高，在节能方面有着重要贡献，但其相对较低的经济效益可能成为其推广应用的障碍。课题组之前的研究[42]也阐明了这一观点：包括财政补贴、税收优惠和风险补偿在内的经济刺激方法，可以提高经济效率促进技术推广，并确保技术普及率达到或超过预测值。目前，我国已经建立了可享受税收优惠的先进环保技术目录[43]，第一象限中的技术应予以考虑纳入该目录。此外，2015 年 T15（电炉烟气余热回收除尘技术）已被广泛采用，普及率高达 50%。为了加强第一象限技术的推广，未来需要进行技术研发和改进，以降低投资和运营成本或增加收入，从而有助于提高经济效益。

对于处在第二象限的技术，由于其灵敏度和经济性较低，在制定推广政策时存在一定的困难。因此，可以适当降低推广这些技术的预期目标，避免过度投资。然而，应当对造成这种现象的原因给予重视。例如，T2（干熄焦技术）尚未成熟，无法普及推广（2015 年普及率仅为 10%），技术局限性使得其在节能和投资成本方面还有很大的提升空间。因此，有必要对技术工艺进行改进和提升。虽然现阶段这些技术的性能较差，但从长远来看，这些技术可能会发挥更大的节能效果。

对于处在第三象限的技术，其面临的经济阻力较小，但其对节能的敏感度很低。然而，一些技术的推广并不仅仅是为了节能，良好的经济表现对于技术推广十分重要。例如，应用 T16（废钢加工分类预处理技术）可以提高废钢质量和电炉生产效率，然而其节能量仅为 2.5kgce/t 钢。在设计技术推广政策时应充分考虑这些因素，以确保政策的合理性、适用性。

对于处在第四象限的技术，其经济效益较好、对节能也较为敏感，应该被率先推广。这些技术可以分为两类：一类是广泛推广的技术，在这种情况下，可以制定一些市场准入标准来规范其推广过程；另一类是具有较大推广空间的技术，在这种情况下，可以发布先进技术应用指南以提高市场意识。例如，可以在当前的先进技术目录中标注不同的扩散建议。

综上所述，对不同技术特征的识别和分类，是有效设计技术推广政策的关键。通过不确定性分析和灵敏度分析，可以定量评估技术普及率波动对实现节能目标的影响，进而区分不同类型的技术。因此，不确定性因素可以在制定技术推广政策中发挥重要作用。此外，区分所涉及的技术类型也十分重要。例如，在所有的技术中，哪些应该被首先推广，哪些是未来规划所需要的。对节能敏感度高、需严格设定普及率目标的技术，以及可稍微放宽的技术也应加以区分。最后，应确定有助于技术推广和达到节能目标的政策类型。这些问题需要在制定具体政策时予以充分考虑，以促进技术进步。

7.4　本章小结

不确定性因素会影响工业能耗水平，增加能源管理的难度，因此将不确定性分析引入工业节能管理具有重要意义。本章以我国钢铁行业为例建立工业节能不确定性分析模型，通过随机采样方法进行 20 万次拉丁超立方采样，对不确定性因素（如粗钢产量、原料和生产结构、技术普及率等）进行识别和分析，并在此基础上提出了相关节能管理策略和技术推广建议。除钢铁行业外，该模型还有望应用于其他行业的节能管理问题。研究主要结论如下：

第一，2025 年吨钢节能量目标为 57.05kgce/t 钢，节能总量目标为 7404 万 tce。此外，预测值的达标率为 27%～42%，能源管理风险较高。因此，在制定工业节能目标时需要考虑不确定性因素。

第二，焦钢比应严格控制在预测值范围内，而粗钢产量参数和铁钢比参数对节能具有较高的敏感性，采取生产结构调整措施时应引起重视。

第三，以技术节能灵敏度为横轴，动态投资回收期为纵轴，对 19 种具有不同特征的技术进行了分类，可在此分类基础上提出差别化的推广政策，包括经济刺激、市场准入标准和设置技术应用指南等。

参 考 文 献

[1] Ouyang X L, Lin B Q. An analysis of the driving forces of energy-related carbon dioxide emissions in China's industrial sector[J]. Renewable and Sustainable Energy Reviews, 2015, 45: 838-849.

[2] Kinias I, Tsakalos I, Konstantopoulos N. Investment evaluation in renewable projects under uncertainty, using real options analysis: The case of wind power industry[J]. Investment Management and Financial Innovations, 2017, 14(1): 96-103.

[3] Wen Z G, Di J H, Zhang X Y. Uncertainty analysis of primary water pollutant control in China's pulp and paper industry[J]. Journal of Environmental Management, 2016, 169: 67-77.

[4] Arens M, Worrell E, Schleich J. Energy intensity development of the German iron and steel industry between 1991 and 2007[J]. Energy, 2012, 45(1): 786-797.

[5] Walker W E, Harremoës P, Rotmans J, et al. Defining uncertainty: A conceptual basis for uncertainty management in model-based decision support[J]. Integrated Assessment, 2003, 4(1): 5-17.

[6] Refsgaard J C, van der Sluijs J P, Højberg A L, et al. Uncertainty in the environmental modelling process-a framework and guidance[J]. Environmental Modelling & Software, 2007, 22(11): 1543-1556.

[7] Baustert P, Benetto E. Uncertainty analysis in agent-based modelling and consequential life cycle assessment coupled models: A critical review[J]. Journal of Cleaner Production, 2017, 156: 378-394.

[8] Schulze M, Nehler H, Ottosson M, et al. Energy management in industry—A systematic review of previous findings and an integrative conceptual framework[J]. Journal of Cleaner Production, 2016, 112(5): 3692-3708.

[9] Decarolis J F, Babaee S, Li B, et al. Modelling to generate alternatives with an energy system optimization model[J]. Environmental Modelling and Software, 2016, 79: 300-310.

[10] Huang B, Zhao J, Geng Y, et al. Energy-related GHG emissions of the textile industry in

China[J]. Resources Conservation & Recycling, 2016, 119: 69-77.

[11] Lin B, Xie X. Energy conservation potential in China's petroleum refining industry: Evidence and policy implications[J]. Energy Conversion & Management, 2015, 91: 377-386.

[12] Murphy F, Devlin G, McDonnell K. Greenhouse gas and energy based life cycle analysis of products from the Irish wood processing industry[J]. Journal of Cleaner Production, 2015, 92: 134-141.

[13] Peng L, Zeng X, Wang Y, et al. Analysis of energy efficiency and carbon dioxide reduction in the Chinese pulp and paper industry[J]. Energy Policy, 2015, 80: 65-75.

[14] Wen Z G, Xu C, Zhang X Y. Integrated control of emission reductions, energy-saving, and cost-benefit using a multi-objective optimization technique in the pulp and paper industry[J]. Environmental Science & Technology, 2015, 49(6): 3636-3643.

[15] Zhang Q, Zhao X, Lu H, et al. Waste energy recovery and energy efficiency improvement in China's iron and steel industry[J]. Applied Energy, 2017, 191: 502-520.

[16] Morgan M G, Keith D W. Improving the way we think about projecting future energy use and emissions of carbon dioxide[J]. Climatic Change, 2008, 90(3): 189-215.

[17] Almeida R M S F, Ramos N M M, Manuel S. Towards a methodology to include building energy simulation uncertainty in the life cycle cost analysis of rehabilitation alternatives[J]. Journal of Building Engineering, 2015, 2: 44-51.

[18] Gaetani I, Hoes P J, Hensen J L M. Occupant behavior in building energy simulation: Towards a fit-for-purpose modeling strategy[J]. Energy and Buildings, 2016, 121: 188-204.

[19] Kim Y J. Comparative study of surrogate models for uncertainty quantification of building energy model: Gaussian process emulator *vs*. polynomial chaos expansion[J]. Energy and Buildings, 2016, 133: 46-58.

[20] Sun Y, Su H, Wu C F J, et al. Quantification of model form uncertainty in the calculation of solar diffuse irradiation on inclined surfaces for building energy simulation[J]. Journal of Building Performance Simulation, 2015, 8(4): 253-265.

[21] Tian W. A review of sensitivity analysis methods in building energy analysis[J]. Renewable and Sustainable Energy Reviews, 2013, 20: 411-419.

[22] Abdullah M A, Muttaqi K M, Agalgaonkar A P. Sustainable energy system design with distributed renewable resources considering economic, environmental and uncertainty aspects[J]. Renewable Energy, 2015, 78: 165-172.

[23] Liu Z, Huang G, Li W. An inexact stochastic-fuzzy jointed chance-constrained programming for regional energy system management under uncertainty[J]. Engineering Optimization, 2015, 47(6): 788-804.

[24] Seljom P, Tomasgard A. Short-term uncertainty in long-term energy system models—A case study of wind power in Denmark[J]. Energy Economics, 2015, 49: 157-167.

[25] Maleki A, Khajeh M G, Ameri M. Optimal sizing of a grid independent hybrid renewable energy system incorporating resource uncertainty, and load uncertainty[J]. International Journal of Electrical Power & Energy Systems, 2016, 83: 514-524.

[26] Ritzenhofen I, Spinler S. Optimal design of feed-in-tariffs to stimulate renewable energy

investments under regulatory uncertainty—A real options analysis[J]. Energy Economics, 2016, 53: 76-89.

[27] 工业和信息化部. 钢铁行业节能减排先进适用技术目录[EB/OL]. https://max.book118.com/html/2015/0510/16749357.shtm. (2012-09) [2022-02-15].

[28] 国家发展和改革委员会. 国家重点节能低碳技术推广目录[EB/OL]. http://www.gov.cn/xinwen/2017-01/19/content_5161265.htm. (2016-12-30) [2017-12-02].

[29] 中国钢铁工业协会. 中国钢铁工业年鉴 2016[M]. 北京: 中国钢铁工业协会, 2016.

[30] 工业和信息化部. 钢铁行业节能减排先进适用技术[EB/OL]. https://max.book118.com/html/2019/0107/6220013022002000.shtm. (2012-09) [2022-02-15].

[31] Chen W Y, Yin X, Ma D. A bottom-up analysis of China's iron and steel industrial energy consumption and CO_2 emissions[J]. Applied Energy, 2014, 136: 1174-1183.

[32] Li Y, Zhu L. Cost of energy saving and CO_2 emissions reduction in China's iron and steel sector[J]. Applied Energy, 2014, 130: 603-616.

[33] Wen Z G, Meng F X, Chen M. Estimates of the potential for energy conservation and CO_2 emissions mitigation based on Asian-Pacific Integrated Model (AIM): The case of the iron and steel industry in China[J]. Journal of Cleaner Production, 2014, 65: 120-130.

[34] 工业和信息化部. 钢铁工业调整升级规划(2016—2020)[EB/OL]. https://www.miit.gov.cn/jgsj/ycls/wjfb/art/2020/art_578862f8ae9142809cd0e4ddbcb61390.html. (2016-11-14) [2017-12-02].

[35] McKay M D, Beckman R J, Conover W J. Comparison of three methods for selecting values of input variables in the analysis of output from a computer code[J]. Technometrics, 1979, 21(2): 239-245.

[36] Olsson A, Sandberg G, Dahlblom O. On Latin hypercube sampling for structural reliability analysis[J]. Structural Safety, 2003, 25(1): 47-68.

[37] Liu Y, Chen J N, He W Q, et al. Application of an uncertainty analysis approach to strategic environmental assessment for urban planning[J]. Environmental Science & Technology, 2010, 44(8): 3136-3141.

[38] Sun F, Chen J, Tong Q, et al. Structure validation of an integrated waterworks model for trihalomethanes simulation by applying regional sensitivity analysis[J]. Science of the Total Environment, 2010, 408(8): 1992-2001.

[39] Xu H L, Chen J N, Wang S D, et al. Oil spill forecast model based on uncertainty analysis: A case study of Dalian Oil Spill[J]. Ocean Engineering, 2012, 54: 206-212.

[40] Aflaki S, Kleindorfer P R, de Miera Polvorinos V S. Finding and implementing energy efficiency projects in industrial facilities[J]. Production and Operations Management, 2013, 22(3): 503-517.

[41] Yeh T L, Chen T Y, Lai P Y. A comparative study of energy utilization efficiency between Taiwan and China[J]. Energy Policy, 2010, 38(5): 2386-2394.

[42] Cao X, Wen Z G, Chen J N, et al. Contributing to differentiated technology policy-making on the promotion of energy efficiency technologies in heavy industrial sector: A case study of China[J]. Journal of Cleaner Production, 2016, 112: 1486-1497.

[43] 财政部, 税务总局, 国家发展与改革委员会, 等. 节能节水和环境保护专用设备企业所得税优惠目录(2017 年版)[EB/OL]. http://www.gov.cn/xinwen/2017-09/26/content_ 5227606.htm. (2017-09-25) [2017-12-02].

第 8 章　区域工业节能减排应用：以山西省长治市为例

本书第 8 章和第 9 章将依据前面其他章节开发的研究方法和取得的研究结果，应用于区域、平台层面以解决一系列实际的节能减排管理问题。其中，本章关注区域工业节能减排应用，需要基于区域工业发展特征，结合精准化管理和系统化决策模式，以山西省长治市大气污染物减排为例，提出最优的工业节能减排管理路径。

8.1　区域工业节能减排管理研究现状

随着工业化的发展，工业部门作为高耗能、高污染部门，成为区域空气污染物的主要来源[1, 2]。空气污染物的排放会导致各种区域环境问题，如酸雨[3, 4]、光化学烟雾[5]和雾霾[6, 7]。在城市中，这些问题不仅带来了严重的环境污染，还会对人类健康构成严重威胁[8, 9]。因此，有必要针对区域层面制定和应用相应的管理策略，从而减少工业部门的大气污染排放。

将精细化管理和系统化决策模式应用于区域减排管理，能够大幅度提高管理效率。这种管理模式在区域层面的应用主要包括两方面：①采用系统化决策方法，根据多重污染排放指标，综合判断需要重点管控的企业；②针对重点企业，追溯这些企业的能源消耗、生产工艺和末端治理技术，精准化地制定大气污染减排方案。这种管理模式可以避免过去一刀切的弊端[10]，全面覆盖区域内大部分需重点管控的企业，并提高企业与减排措施之间的匹配度。

在这种情况下，促进区域工业节能减排的精细化和系统化决策模式需掌握两类关键信息：企业的污染排放现状和可行的减排路径，因而需要对企业的行业、工艺和技术特征进行全面认识和系统评价。其中，污染排放现状，可以帮助决策者对企业污染水平与空气质量和排放标准进行直观比较，从而实现重点企业的定量化判断[11]。而企业的减排路径，可以作为重点企业采取具体减排措施的参考[12]，并帮助决策者量化减排潜力。

目前，已有学者针对城市或区域层面的工业减排管理进行了大量的研究。一种常用的方法是量化排放和社会、经济、技术水平之间关系的分解方法。Zhu 等采用对数平均迪氏指数方法，分别分析了长三角地区和保定市的工业二氧化碳减排问题[13, 14]。Kanada 等将分解方法与回归分析相结合，研究了日本川崎地区空气污染控制政策的效果[15]。Hille 等将对大气污染物排放的外国直接贡献分解为规模、成分和技术三个方面[16]。Underwood 和 Fremstad 研究了美国家庭和城市经济与二氧化碳排放之间的关系[17]。这些研究将城市或地区作为一个整体来考虑，并试图找到影响二氧化碳或空气污染物排放的机制。除上述分解模型外，还有研究利用其他方法求解城市污染减排问题。例如，利用数学规划方法寻找中国唐山和哥伦比亚波哥大的工业能源系统的空气污染物减排路径[18]和减排政策[19]。此外，还有研究采用博弈论[20]和夹点分析[21]方法，分别分析了中国长株潭和韩国丽水城市群区域工业空气污染物排放影响和减排措施。

这些研究虽然在区域工业减排管理领域有所贡献，但也存在着明显的局限性，因为它们没有考虑研究区域内企业单位的特征。如上所述，企业的污染现状和减排潜力，对于区域级的精准减排管理是必不可少的，它们是造成城市工业污染的单元个体。然而，如果将所研究城市或地区的工业部门视为一个黑箱，或简单地将其分为若干部分，则无法对企业的特征和它们之间的差异进行分析和量化。在这种情况下，决策者只能提出城市整体层面的减排路径，精准化程度低，难以与企业实际现状适配，导致在实施上存在困难。例如，一项特定的大气污染减排目标尽管适合城市整体的减排管理需求，但对于不同的企业可能不适合：可能对一些企业过于严格，但是对于另一些企业过于宽松。所以，当缺乏企业层面更精准的目标时，这样的减排目标的可操作性就大大降低了。

更进一步的研究是将企业作为城市减排管理领域的研究对象，重点关注排放核算和绩效比较两个方面。第一类研究量化了各企业对城市总污染物排放量的影响。例如，Hua 等建立了中国无锡市的排放清单，量化了电力、钢铁、水泥等不同行业的企业排放[22]。Kharol 等利用臭氧监测仪进行观测，分析了印度 Dorbi 陶瓷生产企业的二氧化硫排放情况[23]。第二类研究采用参数、非参数分析法比较企业的排放绩效。Anityasari、Rachmat 和 Vasquez 等采用层次分析法、TOPSIS 和调查研究相结合的方法设计了定量的生态效率评价体系，并分别应用于印度尼西亚（Surabaya）和哥伦比亚的中小企业[24, 25]。与参数分析法相比，数据包络分析（DEA）是一种典型的非参数分析方法。例如，Goto 等采用 DEA 方法对日本 47 个县的工业部门的环境效益进行了调查[26]。Li 等采用三阶段 DEA 模型研究了中国西安工业部门的环境法规与技术创新的关系[27]。然而，这些研究只关注企业现状的详细分析，却没有提供减排路径或相应的减排潜力。因此，尽管这些研究分析了企业的排放特征，也不能支撑精细化的减排管理。

本研究以中国山西省典型工业化城市——长治市为案例，旨在回答以下三个问题：①如何通过综合污染指标的设计，系统化评估识别长治市需要管控的重点企业？②重点企业精准减排路径是什么，减排潜力有多大？③针对长治市的精细化工业减排管理，可以提出哪些政策建议？通过解决上述问题，本研究在以下方面做出了贡献：①结合当前的污染表现和未来的企业减排路径，建立城市工业减排管理方法；②实现工业节能减排精准化管理和系统化决策的实证研究。

8.2　案例区域介绍

长治市位于山西省南部，占地面积 1.395 万 km，2017 年的人口为 345 万人。该市现辖潞州（LZ）、上党（SD）、屯留（TL）、潞城（LuC）4 个区，以及襄垣（XY）、平顺（PS）、黎城（LiC）、壶关（HG）、长子（ZZ）、武乡（WX）、沁（Q）、沁源（QY）8 个县。各区县的空间分布如图 8-1 所示。

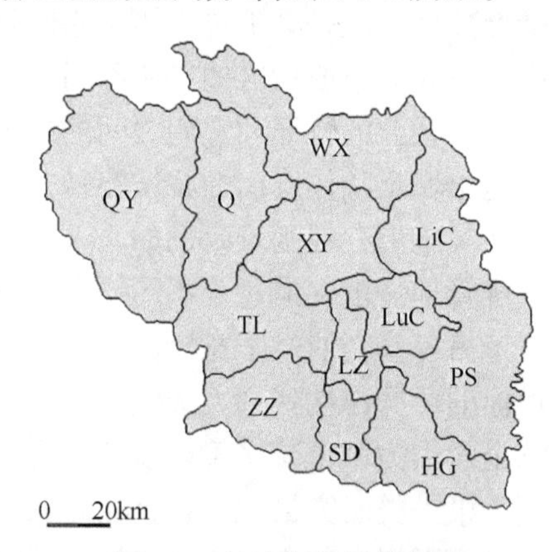

图 8-1　长治市空间分布图

长治是一个典型的工业化城市，据 2018 年山西省政府统计，2017 年该市第二产业占全市 GDP 的比例为 53.8%（793.4 亿元），远高于当年国内第二产业增加值水平（33.9%）。长治市共有 335 家企业，其中支柱产业是煤炭、钢铁、焦化、水泥和火电产业。2017 年，长治市煤炭、粗钢、焦炭、水泥和电力产品产量分别达到 11266 万 t、510 万 t、1330 万 t、345 万 t 和 287.1 亿 kW · h。这些主导产业有力地支撑了该市的建设和经济发展。

然而，工业部门生产造成了当地严重的空气污染问题。2017 年，长治市空气质量二级以上天数仅 195 天，远低于全国平均水平（285 天），中度（四级）污染天数 27 天，重度（V 级）污染天数 7 天。该市主要的空气污染问题源于 $PM_{2.5}$ 的排放，该指标当年的平均浓度超出空气质量二级限值的 71%。为了缓解空气污染问题，改善空气质量，各级政府提出了一系列政策。2017 年，长治市被列入京津冀地区“2+26”城市名单，并落实了中央部委提出的严格的空气污染减排政策。此外，国家、省、市环保部门都强调了工业减排的精准化管理模式的重要性，如表 8-1 所示。

表 8-1　聚焦精准化管理模式的减排政策

发布单位	政策名称	内容
国务院（2018）	《打赢蓝天保卫战三年行动计划》	要求系统谋划、精准施策
全国人民代表大会常务委员会（2018）	《中华人民共和国大气污染防治法》	钢铁、建材、有色金属、石油、化工、制药、矿产开采等企业，应当加强精细化管理
生态环境部（2019）	《京津冀及周边地区 2019—2020 年秋冬季大气污染综合治理攻坚行动方案》	实行企业分类分级管控，环保绩效水平高的企业重污染天气应急期间可不采取减排措施
长治市人民政府（2019）	《长治市 2019—2020 年秋冬季大气污染综合治理攻坚行动方案》	要求在长治市企业中贯彻落实“一企一策”管理模式

本研究选择了 4 个行业：火电行业、钢铁行业、焦化行业、水泥行业为研究对象。之所以选择这些行业，是因为它们不仅是长治市工业的支柱产业，还是大气污染物（尤其是细颗粒物）排放密集的行业。煤炭开采业也是长治市的支柱行业，但由于不是主要的空气污染物排放行业，因此本研究将其排除在外。这些行业的空气污染物排放量如图 8-2 所示。

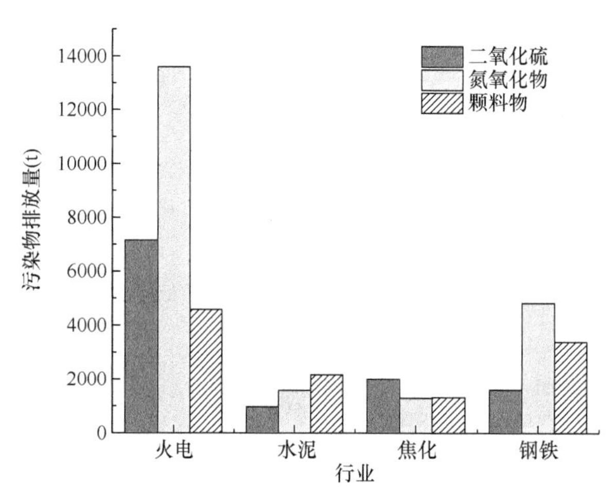

图 8-2　长治市主要工业行业的空气污染物排放

本研究共选择了 54 家企业，其中火电企业 17 家（T1～T17）、水泥企业 11 家（Ce1～Ce11）、焦化企业 19 家（Co1～Co19）、钢铁企业 7 家（IS1～IS7）。这些企业是长治市工业的代表性企业，4 种产品的产量占全市的 90%以上。根据生产过程的差异，火电企业可分为燃气（T1～T5）和燃煤（T6～T17）发电企业；

水泥企业可分为熟料生产企业（Ce6～Ce11）和粉磨站（Ce1～Ce5）；焦化企业可分为机械焦化（Co1～Co16）和热回收焦炉（Co17～Co19）；而钢铁企业又分为长流程（IS1～IS5）和短流程（IS6、IS7）炼钢企业。这些企业的产品产量、平均污染物排放等描述性统计见表 8-2。各个企业的详细参数见表 8-3～表 8-6。

表 8-2 企业参数的描述性统计

指标	火电	水泥	焦化	钢铁
企业数量	17	11	19	7
平均产量	15.4 亿 kW · h（电）+ 125 万 GJ（热）	439 万 t	5663 万 t	7557 万 t
平均 SO_2 排放（t）	422.34	88.75	105.11	228.34
平均 NO_x 排放（t）	799.67	146.10	68.23	689.18
平均 PM 排放（t）	269.22	217.63	69.37	483.68

表 8-3 长治市火电企业详情

序号	位置	产品产量（电力，GW · h）	产品产量（热力，GJ）	脱硫措施	脱硝措施	除尘措施
T1	LZ	461.0	276.9	—	低氮燃烧技术	—
T2	LZ	194.5	0	—	—	—
T3	LZ	38.8	0	双碱法脱硫	选择非催化还原技术	湿法除尘
T4	TL	202.0	153.9	—	—	—
T5	XY	11.0	0	—	—	—
T6	LZ	2535.0	453.5	石灰石/石灰-石膏法脱硫	低氮燃烧技术 + 选择催化还原技术	静电除尘器
T7	LZ	6320.9	97.49	石灰石/石灰-石膏法脱硫	低氮燃烧技术 + 选择催化还原技术	布袋除尘器
T8	LZ	2295.1	355.6	石灰石/石灰-石膏法脱硫	低氮燃烧技术 + 选择催化还原技术	布袋除尘器
T9	LZ	403.6	0	喷吹熟石灰技术	选择非催化还原技术	静电除尘器
T10	XY	153.1	88.6	氨法脱硫	低氮燃烧技术 + 选择非催化还原技术	布袋除尘器
T11	XY	850.0	95.6	石灰石/石灰-石膏法脱硫	选择非催化还原技术	布袋除尘器
T12	XY	202.0	153.9	喷吹熟石灰技术	选择非催化还原技术	布袋除尘器

续表

序号	位置	产品产量（电力，GW·h）	产品产量（热力，GJ）	脱硫措施	脱硝措施	除尘措施
T13	TL	812.1	125.1	喷吹熟石灰技术	选择非催化还原技术	布袋除尘器
T14	WX	5039.4	111.4	石灰石/石灰-石膏法脱硫	低氮燃烧技术＋选择非催化还原技术	静电除尘器
T15	QY	157.5	200.2	喷吹熟石灰技术	选择非催化还原技术	电袋复合除尘器
T16	LuC	238.7	44.8	石灰石/石灰-石膏法脱硫	低氮燃烧技术＋选择非催化还原技术	电袋复合除尘器
T17	LuC	6397.2	120.8	石灰石/石灰-石膏法脱硫	低氮燃烧技术＋选择催化还原技术	静电除尘器

表 8-4　长治市水泥企业概况

序号	位置	产品产量（水泥，Mt）	脱硫措施	脱硝措施	除尘措施
Ce1	SD	0.60	—	—	布袋除尘器
Ce2	LZ	0.06	—	—	布袋除尘器
Ce3	TL	1.00	—	—	布袋除尘器
Ce4	HG	0.02	氨法脱硫	—	布袋除尘器
Ce5	LuC	0.19	—	选择非催化还原技术	布袋除尘器
Ce6	SD	0.47	—	选择非催化还原技术	电袋复合除尘器
Ce7	WX	97.49	石灰石/石灰-石膏法	选择非催化还原技术	布袋除尘器
Ce8	LZ	0.02	—	—	—
Ce9	LuC	1.21	—	—	布袋除尘器
Ce10	LuC	0.02	—	—	—
Ce11	LuC	1.04	—	选择非催化还原技术	布袋除尘器

表 8-5　长治市焦化企业概况

序号	位置	产品产量（焦，Mt）	脱硫措施	脱硝措施	除尘措施
Co1	LZ	0.24	氧化镁法	—	布袋除尘器
Co2	LZ	0.31	半干法脱硫	—	布袋除尘器
Co3	XY	0.66	—	—	布袋除尘器
Co4	XY	0.71	氨法脱硫	选择催化还原技术	—

续表

序号	位置	产品产量(焦, Mt)	脱硫措施	脱硝措施	除尘措施
Co5	Q	0.32	石灰石/石灰-石膏法	选择非催化还原技术	布袋除尘器
Co6	LZ	0.78	—	选择非催化还原技术	电袋复合除尘器
Co7	LuC	2.31	石灰石/石灰-石膏法	选择非催化还原技术	布袋除尘器
Co8	LZ	0.64	氧化镁法	—	—
Co9	TL	0.37	—	—	布袋除尘器
Co10	LuC	0.52	—	—	—
Co11	LuC	0.55	—	选择非催化还原技术	布袋除尘器
Co12	XY	0.49	氨法脱硫	选择催化还原技术	湿法除尘
Co13	LuC	1.24	—	—	布袋除尘器
Co14	TL	0.35	—	—	布袋除尘器
Co15	QY	0.42	石灰石/石灰-石膏法	—	布袋除尘器
Co16	LiC	0.24	—	—	布袋除尘器
Co17	QY	0.52	石灰石/石灰-石膏法	选择非催化还原技术	布袋除尘器
Co18	QY	0.03	氧化镁法	—	湿法除尘
Co19	QY	0.03	石灰石/石灰-石膏法	—	—

表 8-6　长治市钢铁企业概况

序号	位置	产品产量(粗钢, Mt)	脱硫措施	脱硝措施	除尘措施
S1	LZ	2.13	氨法脱硫	低氮燃烧技术，选择催化还原技术	布袋除尘器，湿法除尘
S2	LZ	0.59	双碱法脱硫	—	布袋除尘器，静电除尘器
S3	LuC	0.78	石灰石/石灰-石膏法，半干法脱硫	—	布袋除尘器，电袋复合除尘器
S4	LiC	0.32	双碱法脱硫，石灰石/石灰-石膏法	—	布袋除尘器，电袋复合除尘器
S5	HG	0.73	石灰石/石灰-石膏法	—	布袋除尘器，电袋复合除尘器
S6	HG	0.03	—	—	布袋除尘器
S7	HG	0.71	—	—	布袋除尘器

8.3　区域工业减排管理方法

8.3.1　基于系统化决策的重点管控企业识别

为开展区域工业减排管理，首先需依据基于系统化决策理念，识别重点管控企业。根据第 5 章的研究，对企业层面节能减排管理开展系统化决策的关键，是全面考虑企业能耗、污染物排放特征，设计综合指标比对企业的环境效率，本章中依然沿用该思路。本研究借鉴文献[28]和[29]的方法，对各企业的污染绩效进行评估。该评估方法通过计算一个综合环境指标反映企业的综合状况。污染绩效值通过式（8-1）计算：

$$E_i = (e_{i1} \times e_{i2} + e_{i2} \times e_{i3} + e_{i3} \times e_{i4} + \cdots + e_{in} \times e_{i1}) \times \frac{\sin \alpha}{2n} \tag{8-1}$$

式中，E 是污染绩效；i 是企业；e 是评估指标的值；n 是指标的个数；α 是两指标间的夹角，等同于 $\frac{360°}{n}$。

下一步是评估指标的选取。考虑到产业减排政策的约束和企业的排放现状，本研究选取了二氧化硫、氮氧化物和细颗粒物 3 个空气污染物排放指标（单位：kg/t 或 kg/GJ 产品）。值得关注的是火电企业以生产热能为产品，所以本研究参考了相关已有研究，包括从热能转化为电能的转化效率[30, 31]以及中国火电生产的能源强度[32]，最终确定热能转电力的转化率为 1/3。此外，由于火电企业燃料燃烧会排放大量大气污染物，改善能源利用情况对提高污染绩效也具有重要意义。因此，本研究将能源强度纳入该领域的评估指标。由于排放强度较低时正向效益显著，指标值的降低反映了污染绩效的改善。最后，将企业的污染绩效值与工业清洁生产标准的要求进行比较，确定企业是否达到了清洁生产水平。对未达标的企业，也应考虑采取相应的大气污染物减排措施，并评估其减排潜力。本研究系统评估各个企业的污染现状，从而筛选重点企业并开展后续的减排路径设计。

8.3.2　基于精准化管理的企业减排路径

在识别重点企业后，需要根据企业的能源结构、工艺设备和末端治理技术等措施的应用现状，精准化地识别企业的改进空间，提出企业减排路径。为此，本研究分析了上述四个行业相应的减排措施，针对未达到清洁生产标准的重点企业设计减排路径，并定量评估空气污染物减排潜力（在同一产品结构级别）。总体而言，可采取三种措施作为减排路径：主体工艺设备升级、清洁能源替代和推广末端处理技术。选择这些措施的原因有二：①这三种措施是源头减量、过程控制和末端处理等污染控制措施的代表；②这三项措施均在政策鼓励推动的范围内。一些其他措施，如关闭小规模企业也可以实现排放削减，但会改变城市中的企业单位，因此不包括在本研究中。

通过主体工艺设备实现减排的规律是规模越大的设备表现越好，因为大规模设备在生产过程中产生的空气污染物通常相对较少[33]。因此，对于符合下列条件的企业：①在同一工序中有一台以上设备；②国家发改委 2019 年出台的《产业结构调整指导目录》鼓励限制或淘汰原始设备的，可通过将原始设备升级为更大型的设备来实现减排。工艺设备清单如表 8-7 所示（注：长治市的水泥企业不适用于该方法，表中不含水泥企业的设备）。

表 8-7 工艺设备清单

企业类型	设备	状态
火电	煤粉炉>300MW	推广
	煤粉炉 150～299MW	—
	煤粉炉 75～149MW	限制
	煤粉炉 30～74MW	限制
	煤粉炉<30MW	淘汰
焦化	热回收焦炉>400kt/a[1]	—
	热回收焦炉<400kt/a[1]	淘汰
	热回收焦炉<1Mt/a[1]	限制
	热回收焦炉<75kt/a	淘汰
钢铁	烧结机>180m^2	—
	烧结机 90～180m^2	限制
	烧结机<90m^2	淘汰
	高炉>1200m^3	—
	高炉 400～1200m^3	限制
	高炉<400m^3	淘汰
	氧气顶吹转炉>100t	—
	氧气顶吹转炉 30～100t	限制
	氧气顶吹转炉<30t	淘汰

通过当前的污染减排率，可以划分先进设备与当前设备的空气污染物排放量之差，计算该措施的减排潜力，如式（8-2）所示：

$$\mathrm{ER}_{i,\mathrm{eu},p}=(\mathrm{EI}_{i\text{-ad},p}\times\mathrm{PO}_{\mathrm{eu}}-\mathrm{EI}_{i,p}\times\mathrm{PO}_{i})\times(1-\mathrm{PA}_{i,p}) \tag{8-2}$$

式中，ER 是减排量；eu 是设备升级措施；p 是污染物；EI 是排放强度，i-ad 是适合 i 的先进设备；PO 是产品产量；PA 是末端处理技术的污染减排率。

清洁能源替代的减排措施主要包括两类：使用含杂质较少的燃料[34, 35]；利用燃烧热值较高的燃料。前者可以减少污染物的产生因子，后者可以减少燃料的消耗量，从而减少污染物的产生总量。该措施尤其适用于燃煤发电企业，因为燃料燃烧是主要污染源。适用这一措施的企业包括：①使用硫磺和灰分杂质高于本市平均水平（约 2%和 35%）的煤炭企业；②使用燃烧热值低于本市平均水平（约 5000kcal/kg）的煤炭企业。本研究假设对这些企业采取该减排措施，使企业用煤的杂质和燃烧热值在全市平均水平。参照生态环境部 2018 年出台的《工业源产排污系数手册》中的计算方法，采用式（8-3）～式（8-5）计算该措施的减排潜力：

$$\mathrm{ER}_{i,\mathrm{cl},\mathrm{SO}_2}=\left(\mathrm{SI}_{i\text{-e}}\times\mathrm{ST}_{i\text{-e}}-\mathrm{SI}_{i\text{-ce}}\times\frac{\mathrm{HOC}_{i\text{-ce}}}{\mathrm{HOC}_{i\text{-e}}}\times\mathrm{ST}_{i\text{-ce}}\right)\times\mathrm{EI}_{i\text{-e}}\times(1-\mathrm{PA}_{i,\mathrm{SO}_2})\times\mathrm{PO}_{i} \tag{8-3}$$

$$\mathrm{ER}_{i,\mathrm{cl},\mathrm{NO}_x}=\left(\mathrm{EF}_{i\text{-e}}-\mathrm{EF}_{i\text{-ce}}\times\frac{\mathrm{HOC}_{i\text{-ce}}}{\mathrm{HOC}_{i\text{-e}}}\right)\times\mathrm{EI}_{i\text{-e}}\times(1-\mathrm{PA}_{i,\mathrm{NO}_x})\times\mathrm{PO}_{i} \tag{8-4}$$

$$\mathrm{ER}_{i,\mathrm{cl},\mathrm{PM}}=\left(\mathrm{AI}_{i\text{-e}}\times\mathrm{AT}_{i\text{-e}}-\mathrm{AI}_{i\text{-ce}}\times\frac{\mathrm{HOC}_{i\text{-ce}}}{\mathrm{HOC}_{i\text{-e}}}\times\mathrm{AT}_{i\text{-ce}}\right)\times\mathrm{EI}_{i\text{-e}}\times(1-\mathrm{PA}_{i,\mathrm{PM}})\times\mathrm{PO}_{i} \tag{8-5}$$

式中，cl 是使用清洁能源措施；SI 是能源中硫杂质的比例，i-e 是企业 i 的当前能源消耗量；ST 是从硫杂质到二氧化硫的转换率，i-ce 是企业 i 的清洁能源消耗量；HOC 是能源的燃烧热值；EI 是能源强度（如能源消耗量除以产量）；EF 是氮氧化物的排放因子；AI 是能源中灰分杂质的比例；AT 是从灰分杂质到细颗粒物的转化率。

末端处理技术可以通过物理吸收或化学反应降低空气污染物的排放[36, 37]。企业采用的脱硫、脱硝、除尘技术种类繁多，对大气污染物的减排效果也各不相同。末端处理工艺一览表见表 8-8。这一措施适用于未采用任何技术或仅采用落后技术处理某一特定类型污染物的企业。该措施可使用的先进技术包括：脱硫技术中的石灰石/石灰-石膏法脱硫，脱硝技术中的低氮燃烧技术和选择性催化还原技术，除尘技术中的布袋除尘器、静电除尘器或电袋复合除尘器等。

表 8-8 末端处理技术

类型	技术	污染物减排率
脱硫	石灰石/石灰-石膏法脱硫	90%
	半干法脱硫	90%
	喷吹熟石灰技术	70%
	氨法脱硫	80%
	双碱法脱硫	80%
	氧化镁法脱硫	85%
脱硝	低氮燃烧技术	25%
	选择性非催化还原技术（SNCR）	40%
	选择性催化还原技术（SCR）	60%
除尘	湿法除尘器	90%
	静电除尘器	99%
	布袋除尘器	99%
	电袋复合除尘器	99%
	重力沉降法	85%

该措施的减排潜力计算如式（8-6）所示：

$$\mathrm{ER}_{i,\mathrm{et,p}}=(\mathrm{PE}_{i,\mathrm{p}}-\mathrm{ER}_{i,\mathrm{ad,p}}-\mathrm{ER}_{i,\mathrm{cl,p}})\times\frac{(\mathrm{PA}_{i\text{-et,p}}-\mathrm{PA}_{i,\mathrm{p}})}{1-\mathrm{PA}_{i,\mathrm{p}}} \tag{8-6}$$

式中，et 是末端处理技术措施推广；PE 是空气污染物排放；i-et 是末端处理技术。

为对各企业的污染绩效和减排潜力进行评估，本研究收集了 4 类参数：生产参数、能源结构参数、大气污染物排放参数和技术参数。具体参数如表 8-9 所示。大部分数据来源于 2017 年长治市某大气污染物减排管理项目的环境统计数据。此外，一些宏观或产出数据来源于 2018 年长治市政府公布的《长治市 2018 年国民经济和社会发展统计公报》，不同尺寸设备的污染物排放系数参数来源于生态环境部于 2018 年出台的《工业源产排污系数手册》。

表 8-9 研究所需数据

参数类型	参数
生产参数	生产量、生产工艺参数
能源结构参数	燃料类型、能源使用量、能源中杂质含量、燃烧热
大气污染物排放参数	SO_2 排放、NO_x 排放、PM 排放
技术参数	管端处理技术的污染减排率

8.4　长治市工业节能减排精细化管控路径分析

8.4.1　长治市工业企业污染绩效评价结果

采用 8.3 节的计算方法评估各企业的污染绩效值，如图 8-3 所示。分析该图表可以识别企业间的显著区别：火电、水泥、焦化和钢铁企业的污染绩效值范围分别为 7.9×10^{-3}～455.5×10^{-3}、1.2×10^{-4}～12652.5×10^{-4}、1.2×10^{-2}～37.1×10^{-2} 和 3.2×10^{-4}～1903.5×10^{-4}（需要注意的是，不同行业之间的值没有可比性）。有两个原因可以解释这种差异：一方面是生产过程的差异，有的企业只有部分生产过程，有的企业则具备全部生产过程。这一因素在水泥企业中尤为明显，熟料生

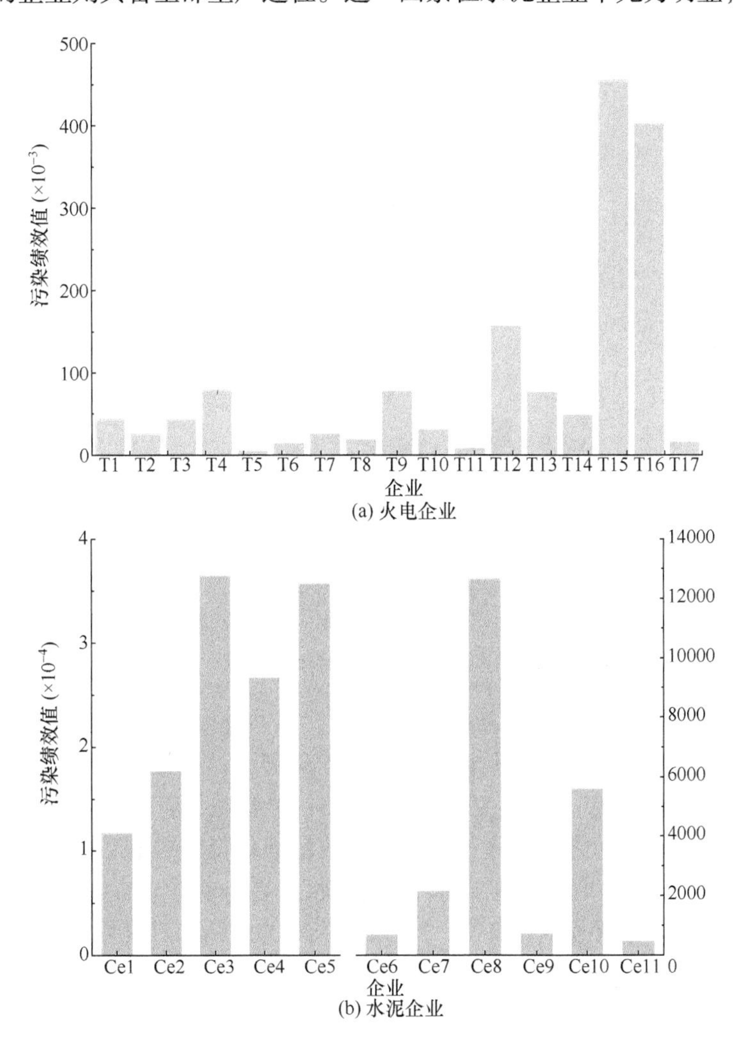

(a) 火电企业

(b) 水泥企业

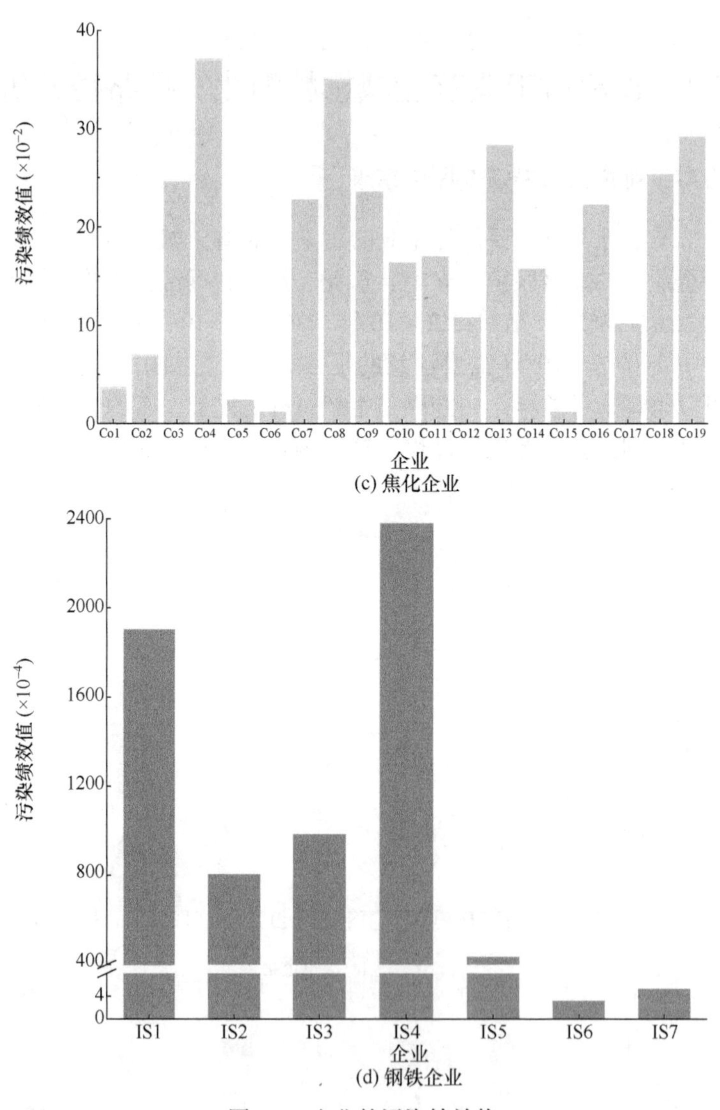

图 8-3　企业的污染绩效值

产过程是该行业大气污染物的主要排放源，具备熟料、水泥生产完整过程的企业的污染绩效值比只有一个水泥粉磨站的企业高出 2～4 个数量级。钢铁企业的结果也有类似的特点。另一方面主要来源于大气污染物减排管理和控制水平的差异，这也印证了在这些行业进行大气污染物排放精细化管理的重要性。

为了量化企业的清洁生产水平，本研究将结果与现行清洁生产标准进行比较，对企业清洁生产水平设定了 2～3 个评估等级。为使结果具有可比性，采用同样的方法计算各空气污染物指标的污染绩效值，结果如表 8-10 所示。总体而言，钢铁企业清洁生产水平较高，其中长流程企业均达到二级，有 3 家企业达到一级。在其他行业，还有一些企业没有达到清洁生产水平：12 家燃煤发电企业中的 7 家、6 家熟料水泥生产企业中的 4 家、19 家焦化企业中的 7 家企业达到了清洁生产标准。这一结果表明，行业之间存在明显的不平衡，长治市企业的污染现状与清洁生产标准还有一定距离。

表 8-10　清洁生产标准的污染绩效值

行业	一级	二级	三级
火电（煤电）	0.018	0.027	0.050
水泥	0.203	0.315	0.412
焦化	0.058	0.115	—
钢铁	0.168	0.325	0.608

注：清洁生产指标适用于生产工艺齐全的企业。焦化行业清洁生产评价体系只有两个等级。

根据生态环境部 2019 年出台的《京津冀及周边地区 2019—2020 年秋冬季大气污染综合治理攻坚行动方案》的要求，基于污染绩效将企业划分为 A～C 水平以采取差异化的减排管理措施。54 家企业的分类结果如表 8-11 所示。A～C 级企业的数量分别为 13 家、10 家和 19 家，另外 12 家企业由于没有适宜的标准而不属于任何级别。将 C 级企业作为设计减排路径的重点企业，并在下一节详细讨论。

表 8-11　企业分类

水平	企业
A	T6，T11，T17，Ce6，Ce9，Ce11，Co1，Co5，Co6，Co15，IS2，IS3，IS5
B	T7，T8，T10，T14，Ce7，Co2，Co12，Co17，IS1，IS4
C	T9，T12，T13，T15，T16，Ce8，Ce10，Co3，Co4，Co7～Co11，Co13，Co14，Co16，Co18，Co19
其他	T1～T5，Ce1～Ce5，IS6，IS7

注：达到一级标准的企业为 A 级企业，达到二级、三级标准的企业为 B 级企业，低于标准要求的企业为 C 级企业。

8.4.2　重点企业节能减排路径及潜力评估

最终本研究确定了 C 级企业 19 家，其中包括燃煤发电企业 5 家，水泥企业 2 家，焦化企业 12 家，采用 8.3 节提到的方法对这些企业的减排潜力进行评价。此外，由于 5 个长过程钢铁企业（IS1～IS5）的空气污染排放总量十分巨大，因此也被作为重点企业。例如，5 个钢铁企业的细颗粒物排放大于 18 个火电企业排放量的 3/4。

重点企业的减排路径按所采取的减排措施列在表 8-12 中。其中，10 家企业需要采取升级设备措施，3 家燃煤发电企业需要采取使用清洁能源措施。此外，推广末端处理技术是企业减排路径中的主要措施，如脱硫、脱硝、除尘等技术应在 15 家、22 家和 9 家企业中推广。这说明末端处理工艺是长治市企业减排的主要途径。

表 8-12　重点企业的减排路径

措施	企业
升级设备	T9，T12，T15，T16，Co4，IS1～IS5
使用清洁能源	T9，T12，T13
推广末端处理技术（脱硫）	T12，T13，T15，T16，Ce8，Ce10，Co3，Co4，Co7，Co9～Co11，Co13，Co14，IS1
推广末端处理技术（脱硝）	T12，T13，T15，T16，Ce8，Ce10，Co3，Co4，Co7～Co11，Co13，Co14，Co18，Co19，IS1～IS5
推广末端处理技术（除尘）	T9，T12，Ce8，Ce10，Co4，Co8，Co18，Co19，IS1

各重点企业的减排潜力及其占总排放的比例如图 8-4 所示。总体而言，采取减排措施可以起到显著作用：二氧化硫、氮氧化物和颗粒物的减排潜力分别为 3441.21t、4507.85t 和 1683.12t，分别占长治市四大产业排放总量的 29.4%、21.2% 和 14.9%。这些结果表明，在区域内改善企业环境绩效、减少企业大气污染物排放方面存在广阔的空间。对不同行业的分析表明，火电和焦化企业贡献了大部分的二氧化硫减排量，而火电和钢铁企业是氮氧化物减排量的主要贡献者，颗粒物减排潜力主要来自钢铁企业。上述企业在三种污染物减排潜力的贡献中分别占 95.1%、84.6%和 41.9%。

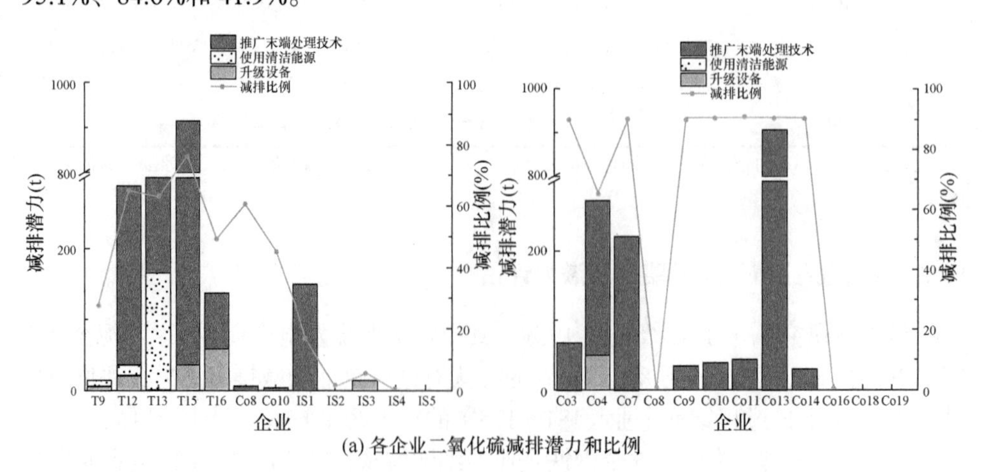

(a) 各企业二氧化硫减排潜力和比例

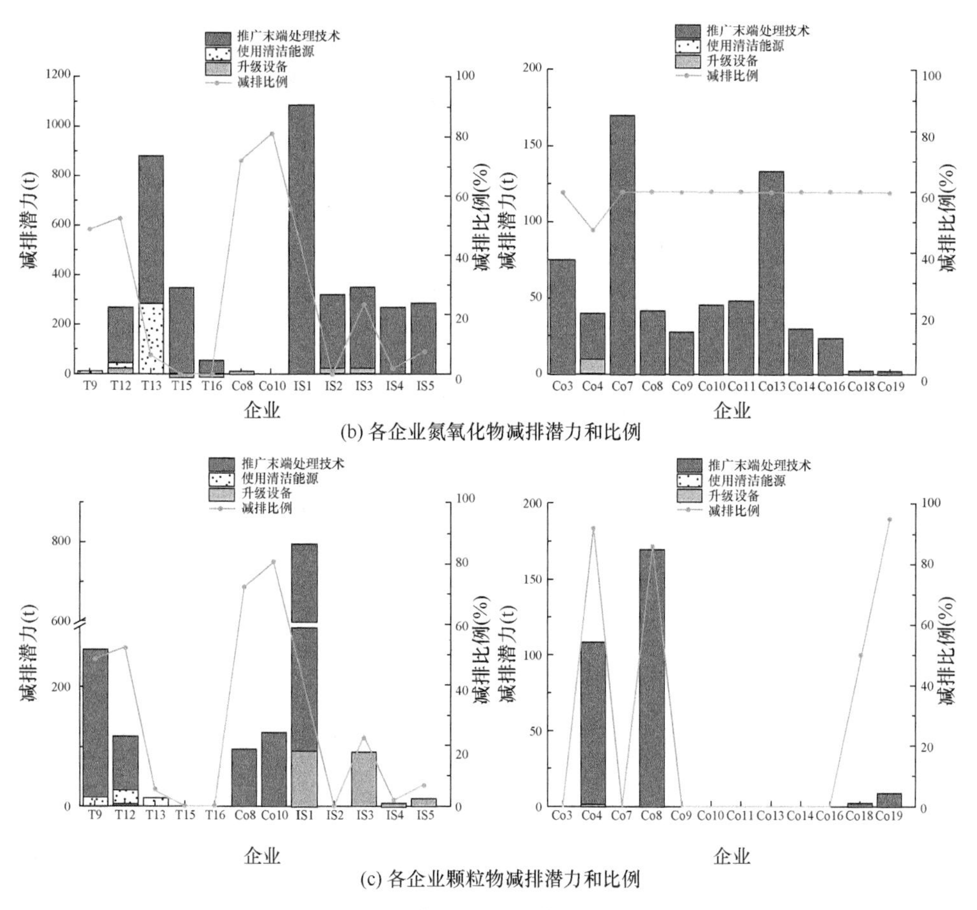

(b) 各企业氮氧化物减排潜力和比例

(c) 各企业颗粒物减排潜力和比例

图 8-4　各企业减排潜力和比例

按不同减排措施的潜力（表 8-13），可以得出末端处理技术措施的推广贡献了大部分的减排量。导致该结果的原因主要是末端处理技术措施的广泛应用，以及该措施可以将大部分已产生的污染物除去，而其他两项措施则是对排放前的污染物生成过程产生影响。另外，这一结果并不意味着其他措施用处不大。其他两项措施都是重要的过程控制技术，在采用先进的末端处理技术后，都将对企业减排起到重要作用。

表 8-13　各项措施减排潜力

措施	SO_2（t）	NO_x（t）	PM（t）
升级设备	113.1	–9.5	6.0
使用清洁能源	199.8	367.7	263.5
推广末端处理技术	3128.2	4149.6	1413.7

注：设备升级措施的 NO_x 减排潜力为负，是因为机组氮氧化物排放因子并没有严格随着机组容量的增大而降低。

8.5 区域工业节能减排精准管理建议

精准化管理和系统化决策的管理模式对于解决区域工艺节能减排问题是必要的。

首先，这种工业减排管理模式可以显著提高管理效率。一方面，基于企业单位的综合信息制定开展系统化决策选择重点企业，并依据精细化管理为每个企业分别制定合适的减排路径。从长治市案例的结果可以得出，企业之间在生产水平和技术水平上存在显著差异，从而适合企业的减排目标和减排路径也各不相同。在这种情况下，针对不同企业类型制定不同政策管理模式在长治市尤为必要。然而，其他一些研究的结果侧重于整个区域或产业系统，不能实现上述模式。因此，尽管这些研究另有一些关键的发现，但并不能增加管理效率，从而符合现行政策要求（表 8-14）。另一方面，传统管理模式已很难激励企业主动提高环境绩效：如果无论企业是否作出改善，都不会影响针对该企业的减排政策（例如，无论企业的环境绩效如何，所有企业都将在重污染天气停工），那么几乎没有企业愿意花成本降低排放，这种情况也不利于城市的减排管理。

表 8-14 城市/区域层面减排管理研究比较

研究	城市/区域	减排路径
Ravindra 等[38]，2020	印度昌迪加尔	建议在该城市工业部门实施更严格的政策
Z. Yang 等[35]，2019；H. Yang 等[39]，2019	中国京津冀地区	在钢铁行业降低产能和实施超低排放标准
Qiu 等[40]，2017	中国包头	测试采用脱氮技术和实施更严格的工业减排标准的减排效果
本研究	中国长治	评估企业污染绩效，制定差异化的排放路径

其次，这种工业减排的精准化管理模式可以充分挖掘减排潜力。长治作为一个排放密集型的工业化城市，面临着极其严格的减排目标。2017 年，山西省政府制定了“十三五”减排目标，要求长治市二氧化硫和氮氧化物排放总量分别减少 26%和 29%，远高于国家标准（15%）。在这种情况下，本研究介绍的管理模式将发挥重要的作用。以精准化管理模式为例，它可以详细分析能源材料使用过程、生产过程和末端过程，并识别企业间的差距，从而设计提高减排潜力的全面减排路径。在本研究中，企业减排路径结合前述 3 种减排措施，可以使重点企业达到更大的减排潜力。一般而言，排放总量的减排比例超过了四大行业的二氧化硫减排目标，但仍略低于氮氧化物的减排目标，然而这些结果足以证明精细化管理路径贡献了较大的减排量。

因此，本研究提出了长治市工业减排的 3 类政策建议：对企业实行分级管理、推广先进的末端处理技术以及产业结构升级。前两个建议为短期计划，最后一个为长期计划。另外，8.4.1 节基于对污染绩效的评估将 54 家企业划分为不同的等级。在本节中，对不同等级企业提出了实施分级管理的相应措施。

对于 A 级企业，可以选择作为行业标杆，宣传其减排措施和技术工艺。此外，根据这些标杆企业的生产特点，可以将其划分为几种类型。以 T17 为例，该企业年发电量 64 亿 kW · h，可视为大型火电企业的标杆；而 T10 年发电量只有 3880 万 kW · h，可视为小规模火电企业的标杆。实际管理中可将标杆企业的污染绩效与标准比较，动态更新企业名单。

对于 B 级企业，由于该类企业达到了整体的清洁生产标准，决策者可以采取多种措施。一方面，在重污染天气等特殊时期，可以减少企业停工等特殊措施。另一方面，该类企业可能有部分指标不达标，所以也可通过设计减排路径来改善这些指标。例如，T10 和 T14 虽然属于该水平，但其氮排放强度指标并不符合标准要求，因此需要对这两家企业采取硝化措施。

C 级企业是采取减排措施的重点企业。除了为其设计减排路径外，决策者还应该对其减排管理目标有不同的侧重点。对有较大潜力企业（如 T13、T15、Co7、Co13、IS1）的减排目标应集中在总排放目标上，因为该类企业的减排量将对城市空气质量改善做出重要贡献。因此对于没有达到减排目标的企业，可以采取相应的限产和减排措施。而潜力小的企业对污染物排放总量影响较小，则应将重点放在排放强度目标上，但要达到排放标准才能保有生产许可。

最后，对于其他没有符合清洁生产标准的企业，决策者可以将其与国内同类企业进行比较，并采取类似的管理措施。其中，排放较少的水泥粉磨站和短流程炼钢企业应执行排放标准，而排放较多空气污染物的燃气发电企业也应制定适当的减排路径，并评估其减排潜力。

根据 8.4.2 节的研究发现，末端处理技术推广措施在达成各类空气污染物减排潜力方面所占的比例最大。这是因为末端处理技术仍未在长治的工业部门中完全推广。例如，焦化企业脱硫技术普及率，钢铁企业焦化、烧结过程脱氮技术普及率仍然较低。此外，燃煤发电和钢铁行业超低排放标准已经出台并将分别于 2020 年和 2025 年实施。超低排放标准的排放限制比原有标准更加严格，对企业的减排管理水平提出了更高的要求。

因此，推广先进的末端处理技术应作为长治企业减排的关键措施。为了使该措施的应用顺利进行，一方面可以出台相应政策法规，要求企业采用先进、成熟的脱硫、脱硝、除尘设备和技术，如石灰石/石膏脱硫、低氮燃烧+SCR、布袋除尘等。另一方面政府可以吸引一些有专业技术和设备的研究机构与当地有需求的企业合作，使这些技术和设备应用到相关企业。

除了对现有企业采取减排措施外，长治市的产业结构升级也是一个值得关注的话题。长治的许多企业都是小型企业，然而如表 8-2 所示，这些小型企业不能满足工业和设备结构的要求。因此，要达到减排标准，长治市应制定全面的中长期产业结构升级计划。除采取设备升级措施外，还可以采取兼并重组、企业间产能置换、淘汰落后企业等措施。

8.6 本章小结

城市大气污染物减排精准化管理和系统化决策具有重要意义，但需要对重点企业进行识别并采取差异化措施。本研究提出污染绩效评价与减排路径设计相结合的精细化减排管理措施，并以中国山西省典型工业化城市长治市为案例进行探究。本研究的主要发现如下：

（1）长治市工业企业污染绩效存在显著差异。火电、水泥、焦化和钢铁企业的污染绩效值分别为 $7.9 \times 10^{-3} \sim 455.5 \times 10^{-3}$、$1.2 \times 10^{-4} \sim 12652.5 \times 10^{-4}$、$1.2 \times 10^{-2} \sim 37.1 \times 10^{-2}$ 和 $3.2 \times 10^{-4} \sim 1903.5 \times 10^{-4}$。在 54 个案例企业中，有 5 家火电企业、2 家水泥企业、12 家焦化企业未达到现行的工业清洁生产标准，而钢铁企业全部达标。A、B、C 级的企业分别有 13 家、10 家和 19 家。

（2）企业大气污染物减排效果显著。本研究设计了 24 家重点企业的减排路径：分别有 5 家和 3 家企业采取设备升级和使用清洁能源措施，15 家、22 家和 9 家分别采用先进的脱硫、脱硝和除尘技术。通过这些措施，企业二氧化硫、氮氧化物和颗粒物的减排潜力分别为 3441.21t、4507.85t 和 1683.12t，分别占四大行业排放总量的 29.4%、21.2%和 14.9%。此外，推广末端处理技术是扩大减排潜力的主要措施。

（3）提出长治市工业大气污染物减排管理政策建议。首先应对企业实行分级管理。此外，应在短期内推广先进的末端处理技术，而在长期进行产业结构升级。

综上所述，本章将工业节能减排的精准化管理和系统化决策模式加以应用，并以长治市大气污染减排为例进行了实证研究。本研究的理论和结果对于其他城市工业环境绩效的改善也具有借鉴意义，能够应用于不同区域尺度的工业节能减排管理实践中。

参考文献

[1] Agnolucci P, Arvanitopoulos T. Industrial characteristics and air emissions: Long-term determinants in the UK manufacturing sector[J]. Journal of Energy Finance & Development, 2019, 78: 546-566.

[2] Liu H, Cheng X B, Jin Z, et al. Recent advances in understanding dendrite growth on alkali metal anodes[J]. EnergyChem, 2019, 1(1): 100003.

[3] Breeze P, Breeze P. Combustion Plant Emissions: Sulfur Dioxide, Nitrogen Oxides, and Acid Rain[M]. Amsterdam: Elsevier, 2017.

[4] Zhang G, Liu D, He X, et al. Acid rain in Jiangsu province, eastern China: Tempo-spatial variations features and analysis[J]. Atmospheric Pollution Research, 2017, 8(6): 1031-1043.

[5] Carmona-Cabezas R, Gomez-Gomez J, Gutierrez de Rave E, et al. Checking complex networks indicators in search of singular episodes of the photochemical smog[J]. Chemosphere, 2020, 241: 125085.

[6] Chen S, Zhang Y, Zhang Y, et al. The relationship between industrial restructuring and China's regional haze pollution: A spatial spillover perspective[J]. Journal of Cleaner Production, 2019, 239: 115808.

[7] Moran J, NaSuwan C, Poocharoen O O. The haze problem in Northern Thailand and policies to combat it: A review[J]. Environmental Science & Policy, 2019, 97: 1-15.

[8] de Marco A, Proietti C, Anav A, et al. Impacts of air pollution on human and ecosystem health, and implications for the National Emission Ceilings Directive: Insights from Italy[J]. Environment International, 2019, 125: 320-333.

[9] Gopalakrishnan V, Hirabayashi S, Ziv G, et al. Air quality and human health impacts of grasslands and shrublands in the United States[J]. Atmospheric Environment, 2018, 182: 193-199.

[10] Ning Y, Chen K, Zhang B, et al. Energy conservation and emission reduction path selection in China: A simulation based on Bi-Level multi-objective optimization model[J]. Energy Policy, 2020, 137: 111116.

[11] Wang K L, Miao Z, Zhao M S, et al. China's provincial total-factor air pollution emission efficiency evaluation, dynamic evolution and influencing factors[J]. Ecological Indicators, 2019, 107: 105578.

[12] Lott M C, Pye S, Dodds P E. Quantifying the co-impacts of energy sector decarbonisation on outdoor air pollution in the United Kingdom[J]. Energy Policy, 2017, 101: 42-51.

[13] Zhu X H, Zou J W, Feng C. Analysis of industrial energy-related CO_2 emissions and the reduction potential of cities in the Yangtze River Delta region[J]. Journal of Cleaner Production, 2017, 168: 791-802.

[14] Zhang Y, Liu C, Chen L, et al. Energy-related CO_2 emission peaking target and pathways for China's city: A case study of Baoding City[J]. Journal of Cleaner Production, 2019, 226: 471-481.

[15] Kanada M, Fujita T, Fujii M, et al. The long-term impacts of air pollution control policy: Historical links between municipal actions and industrial energy efficiency in Kawasaki City, Japan [J]. Journal of Cleaner Production, 2013, 58: 92-101.

[16] Hille E, Shahbaz M, Moosa I. The impact of FDI on regional air pollution in the Republic of Korea: A way ahead to achieve the green growth strategy?[J]. Energy Economics, 2019, 81: 308-326.

[17] Underwood A, Fremstad A. Does sharing backfire? A decomposition of household and urban

economies in CO_2 emissions[J]. Energy Policy, 2018, 123: 404-413.
[18] Zhen J, Huang G, Li W, et al. An optimization model design for energy systems planning and management under considering air pollution control in Tangshan City, China[J]. Journal of Process Control, 2016, 47: 58-77.
[19] Sefair J A, Espinosa M, Behrentz E, et al. Optimization model for urban air quality policy design: A case study in Latin America[J]. Computers Environment and Urban Systems, 2019, 78: 101385.
[20] Shi G M, Wang J N, Fu F, et al. A study on transboundary air pollution based on a game theory model: Cases of SO_2 emission reductions in the cities of Changsha, Zhuzhou and Xiangtan in China[J]. Atmospheric Pollution Research, 2017, 8(2): 244-252.
[21] Hwangbo S, Sin G, Rhee G, et al. Development of an integrated network for waste-to-energy and central utility systems considering air pollutant emissions pinch analysis[J]. Journal of Cleaner Production, 2020, 252: 119746.
[22] Hua H, Jiang S, She H, et al. A high spatial-temporal resolution emission inventory of multi-type air pollutants for Wuxi city[J]. Journal of Cleaner Production, 2019, 229: 278-288.
[23] Kharol S K, Fioletov V, McLinden C A, et al. Ceramic industry at Morbi as a large source of SO_2 emissions in India[J]. Atmospheric Environment, 2020, 223: 117243.
[24] Anityasari M, Rachmat A N. Lesson learnt from top-down selection of medium enterprises for green industry pilot project in Surabaya[J]. Procedia Manufacturing, 2015, 4: 54-61.
[25] Vasquez J, Aguirre S, Fuquene-Retamoso C E, et al. A conceptual framework for the eco-efficiency assessment of small-and medium-sized enterprises[J]. Journal of Cleaner Production, 2019, 237: 117660.
[26] Goto M, Otsuka A, Sueyoshi T. DEA (Data Envelopment Analysis) assessment of operational and environmental efficiencies on Japanese regional industries[J]. Energy, 2014, 66: 535-549.
[27] Li H, Zhang J, Wang C, et al. An evaluation of the impact of environmental regulation on the efficiency of technology innovation using the combined DEA model: A case study of Xi'an, China[J]. Sustainable Cities and Society, 2018, 42: 355-369.
[28] Lucato W C, Vieira Junior M, da Silva Santos J C. Measuring the ecoefficiency of a manufacturing process: A conceptual proposal[J]. Management of Environmental Quality, 2013, 24(6): 755-770.
[29] Lucato W C, Costa E M, de Oliveira Neto G C. The environmental performance of SMEs in the Brazilian textile industry and the relationship with their financial performance[J]. Journal of Environmental Management, 2017, 203: 550-556.
[30] Lu H, Price L, Zhang Q. Capturing the invisible resource: Analysis of waste heat potential in Chinese industry[J]. Applied Energy, 2016, 161: 497-511.
[31] Wang Y, Wen Z, Li H. Symbiotic technology assessment in iron and steel industry based on entropy TOPSIS method[J]. Journal of Cleaner Production, 2020, 260: 120900.
[32] 中国电力企业联合会. 中国电力行业年度发展报告 2018[R]. 2018.
[33] Wen Z, Wang Y, Li H, et al. Quantitative analysis of the precise energy conservation and emission reduction path in China's iron and steel industry[J]. Journal of Environmental

Management, 2019, 246: 717-729.

[34] Hu S, Li J, Yang X, et al. Improvement on slurry ability and combustion dynamics of low quality coals with ultra-high ash content[J]. Chemical Engineering Research & Design, 2020, 156: 391-401.

[35] Yang Z, Ji P, Li Q, et al. Comprehensive understanding of SO_3 effects on synergies among air pollution control devices in ultra-low emission power plants burning high-sulfur coal[J]. Journal of Cleaner Production, 2019, 239: 118096.

[36] Faere R, Grosskopf S, Pasurka C. Technical change and pollution abatement costs[J]. European Journal of Operational Research, 2016, 248(2): 715-724.

[37] Weitzel M, Saveyn B, Vandyck T. Including bottom-up emission abatement technologies in a large-scale global economic model for policy assessments[J]. Energy Economics, 2019, 83: 254-263.

[38] Ravindra K, Singh T, Pandey V, et al. Air pollution trend in Chandigarh city situated in Indo-Gangetic Plains: Understanding seasonality and impact of mitigation strategies[J]. Science of the Total Environment, 2020, 729: 138717.

[39] Yang H, Tao W, Liu Y, et al. The contribution of the Beijing, Tianjin and Hebei region's iron and steel industry to local air pollution in winter[J]. Environmental Pollution, 2019, 245: 1095-1106.

[40] Qiu X, Duan L, Cai S, et al. Effect of current emission abatement strategies on air quality improvement in China: A case study of Baotou, a typical industrial city in Inner Mongolia[J]. Journal of Environmental Sciences, 2017, 57: 383-390.

第 9 章　工业节能减排管理决策支持系统

本书前述内容介绍了多项工业节能减排精准化管理和系统化决策的实际应用，在研究中存在若干难点：一是为建模数据来源多样化，准确获取困难大。工业节能减排领域的研究频繁使用到的参数来源多样化，对专业度要求较高，普遍存在数据获取困难的现象。二是行业工业技术体系复杂，自底向上构建规范化系统困难。在工业领域实际生产过程中，行业的“流程-工艺-技术”体系设计技术种类繁多，行业内部以及行业间的技术广泛存在交互关系。三是研究方法门槛较高，难度较大，不利于初学研究人员入门及成果传承。自底向上方法应用的各个环节均有一定操作入门难度，需要对行业系统及相关政策有较深入的理解，并掌握一定编程及画图基础，不利于初学者开展研究，已有研究成果难以快速传承和推广。

应用行业技术系统模拟和算法等多方成果，本研究组开发了工业节能减排管理的决策支持系统，试图有效解决自底向上建模方法应用的三类研究难点。首先，基于自底向上的建模方法，设计并构建出工业-技术系统模型模板，在此模板下建设了数据完整、动态灵活的技术数据库，实现了对跨行业、单行业、企业、技术等多个层面多工艺流程的模拟构建及动态调整，并在此基础上实现评估节能减排潜力等功能。本系统还集成了多目标优化方法等复杂算法功能，针对技术优选、不确定性分析以及环境效率评估等科学问题选定多项本领域算法，内置多项本领域的常规用算法代码，实现多算法关联求解的科学问题。

9.1　平台整体结构

本研究针对科研人员实际需求开发了行业节能减排管理决策支持系统，集成了工业节能减排精准化系统管理的主要管理理论、模型及方法学，创立了由数据库、模型、算法构成的评估软件。软件系统数据库收集了大量工业节能减排管理所需的宏观、微观层面的基础数据，并进行标准化处理后生成工业节能减排规范化数据体系。在内置工业节能减排数据库的基础上，软件依托自底向上方法构建工业部门模板化的行业模型构建流程，并与系统的内嵌数据库联动，帮助用户快速关联系统内置数据库完成复杂的行业系统建模。本系统还提供算法使用功能，内置了 NSGA-Ⅲ、不确定性分析等有一定门槛的算法运算代码，设计出标准化流程供用户填写算法信息，为用户自动完成复杂算法运算。该评估软件简化了工业节能减排管理领域的数据收集、建模过程及算法学习的工作，有利于研究效率的提升及前期研究成果的传承，为用户解决工业节能减排研究的主要瓶颈提供支撑，也为企业节能减排管理提供决策系统工具，为工业节能减排政策制定者提供理论依据。

行业节能减排评估模型软件分为四个主要的功能模块（图 9-1）。

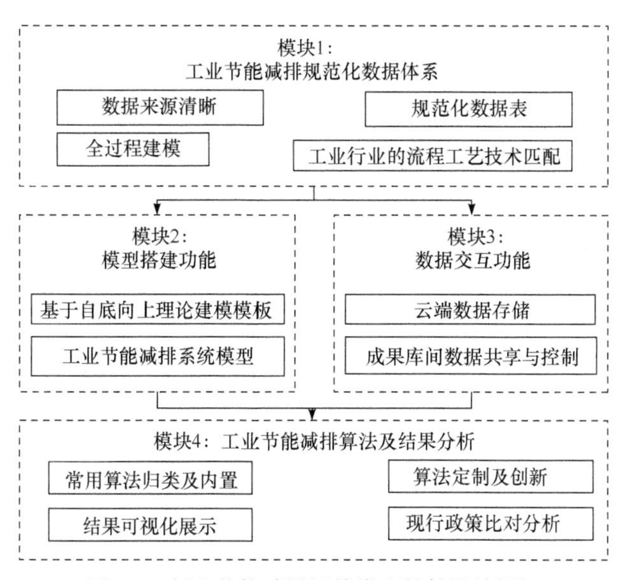

图 9-1　行业节能减排评估模型软件设计框架

（1）工业节能减排规范化数据体系。工业节能减排规范化数据体系是规范化的工业节能减排数据库，依据“流程-工艺-技术”体系的数据特征设计 7 类规范化数据表，分别为行业定义表、流程定义表、行业参数、辅助参数、技术物质强度参数、技术结构参数、技术数值参数 7 类规范化数据表。工业节能减排规范化数据体系将大量工业行业节能减排研究所需的宏观参数、技术参数以及转换系数等重要参数纳入体系并标准化入库。数据库支持新增、下载、上传、同步等功能，用户可申请权限使用该数据体系并将数据下载至本地，用户还可以根据设计好的 7 类规范化数据表格导入新数据，软件可自动读取表格数据与行业系统模型形成联动。

（2）模型搭建。行业系统模型是开发团队基于自底向上方法打造的工业系统建模模板，其本质是行业“流程-工艺-技术”体系的模拟，适用性较强。用户可根据各自研究尺度在“流程-工艺-技术”体系模板上，实现对模型各个环节或单元进行新增和修改，从而构建符合自身研究需求的工业节能减排系统模型。

（3）数据交互。平台开发团队开发出云端数据存储功能，支持数据的交互。

软件数据有三个成果库，分别为本地库、个人库、教研组公共库，数据通过上传、下载、归并、同步等功能实现在本地库、个人库以及教研组公共库之间的传递，从而实现教研团队成员间数据的共享与控制。

（4）工业节能减排算法及结果分析。开发团队依据工业节能减排领域常见科学问题选定一系列算法，包括优化算法、敏感性分析算法、效率分析算法，如NSGA-Ⅲ方法、DEA 方法等，并将算法代码内置于评估软件内供用户自主选用。同时，开发团队设计出标准化流程界面，用户只需在相应界面填写算法参数，软件根据用户自主设定的参数自动完成算法运算。

9.2　工业节能减排规范化数据体系

工业节能减排规范化数据体系由 7 类规范化数据表构成，该数据表结构对应行业“流程-工艺-技术”体系模型的数据特征，不仅能反映工业技术的技术水平本身，还充分描述了工业行业流程、工艺、技术之间的上下级关系以及技术与流程、工艺、技术、产品之间的嵌套匹配关系。数据体系是团队收集的基础数据经过规范化录入软件后台，基础数据覆盖电力、钢铁、水泥、有色等 9 大行业，总计涉及技术超过 400 项，参数数量总计超过 3000 个。除基础数据外，涵盖工艺-技术及技术间的匹配关联关系并实现图像化展示，技术关系清晰，反映真实工业系统技术应用情况（界面见图 9-2）。

图 9-2　工业节能减排规范化数据体系界面

开发团队遵循严格的规范化规则和数据来源审核。数据的规范化为将所有数据根据类型归入 7 类数据表格中，并且严格根据表头填入数据信息。规范化数据表格定义如表 9-1 所示，规范化数据表格表头不可进行改动。数据录入软件系统时，对数据来源有详细的信息记录，定义每条数据的作者、名称、发表时间、来源类型、来源发布者以及发布时间信息。用户在使用该软件时同样需要遵循相同的规范化规则，从而保证研究数据来源的严谨性和准确度，为研究真实可靠的坚实基础。

表 9-1　规范化数据表格定义

数据表类型	表格内容
行业参数	包含行业层面相关参数，如产品产量、行业平均综合能耗强度及污染物排放强度等
辅助参数	包含行业层面用于辅助计算的各类参数，如单位转化系数、污染物排放系数、能源价格、排污权价格等
行业定义表	定义每个行业下的各个流程及每个流程的对应工艺
流程定义表	定义每个工艺的原料、辅料、产品、副产品及主体工艺设备，同时规定流程间的前后关联
技术物质强度参数	主体工艺设备技术：定义各项技术原料、辅料与对应生产的产品及副产品的定量关系
	共生技术：定义共生技术消纳的副产品及其替代的产品的量
技术结构参数	定义四类技术的拓扑关系，包括技术间的伴生、互斥关系及技术间前后关联
技术数值参数	包含各项技术的能源、环境、经济效益及普及率等参数

已有工业节能减排规范化数据的来源包括清华大学开发团队已完成的课题支撑、行业协会数据、参与单位提供、调研企业验证和行业专家访谈等。数据均为中国本地化数据，并且数据来源坚实可靠，有效解决自底向上建模方法应用的数据获取困难的问题。

对于本系统外的新数据，软件也支持规范化数据表按照流程工艺技术体系方式允许批量导入，以解决用户的新数据处理问题。软件提供规范化数据表示例，用户只需要按照规范化数据表头整理新数据的结构，即可通过整理好的新数据表将所有新数据批量导入工业节能减排规范化数据体系中。以钢铁行业为例，用户需要根据规范化规则将数据整理成 7 类规范化数据表格（图 9-3），然后依次将数据表导入软件系统中。

数据的导入和维护遵循一套标准化流程：在维护 Excel 版数据后，在平台客户端中导入（图 9-4），并维护每一张工作表中的数据基本信息（包括作者、名称、发表时间、数据源类型、发布者、发布时间等六项信息），从而实现信息录入（图 9-5）。

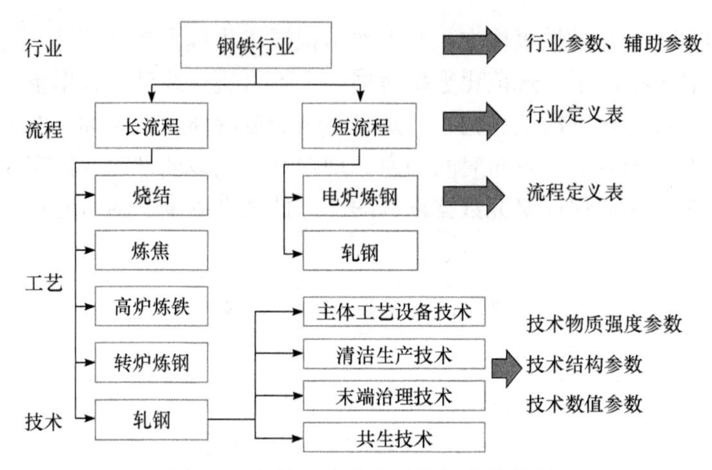

图 9-3　钢铁行业节能减排规范化数据

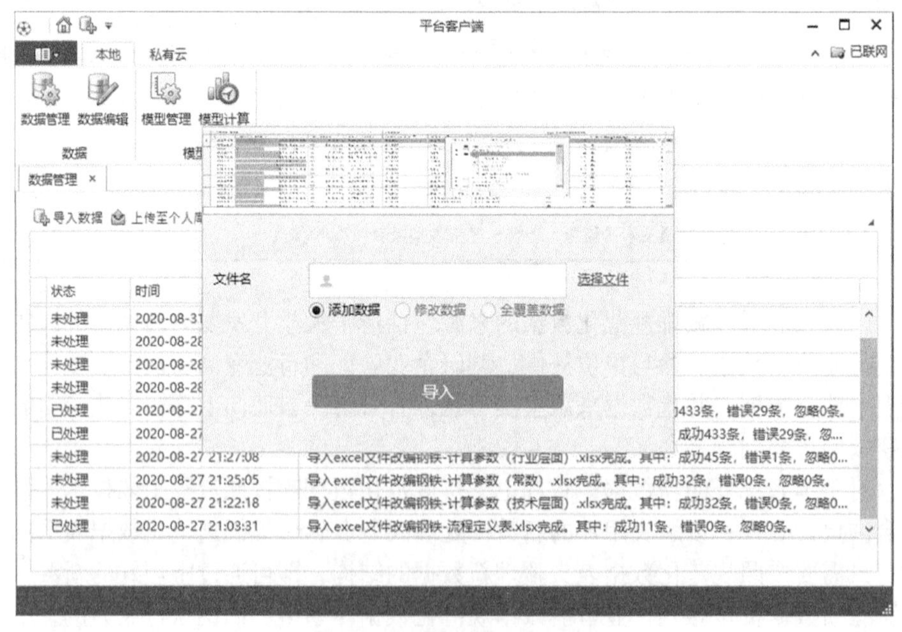

图 9-4　数据信息导入界面

表格导入后，在数据管理页面可展示数据导入情况，包括导入的时间和导入的成功、错误、忽略的数据条目（图 9-6）。打开每条日志后，可弹出该次导入行为的详情，详细说明具体的失败或忽略原因，用户可导出本次日志或下载成功、失败、忽略数据的 Excel 版本至本地（图 9-7）。除导入操作外，还可从个人云端按照类似流程下载数据，同样会形成对应的日志及日志详情，用户可按照类似方法操作。

图 9-5　数据信息录入界面

图 9-6　数据管理界面

在完成导入操作后，用户可进入数据展示界面，根据用户导入的信息自动分为流程、工艺和技术等三类数据（图 9-8～图 9-10）。为便于展示不同类型的信息，系统中内置关系图和拓扑表的展示形式。其中，关系图以块状形式展现数据名称、来源和发布时间；拓扑表则可以直观对比不同的数据条目信息。同时，由于技术同时包含拓扑关系和技术参数，因此技术层面还具有数据表的展示形式。

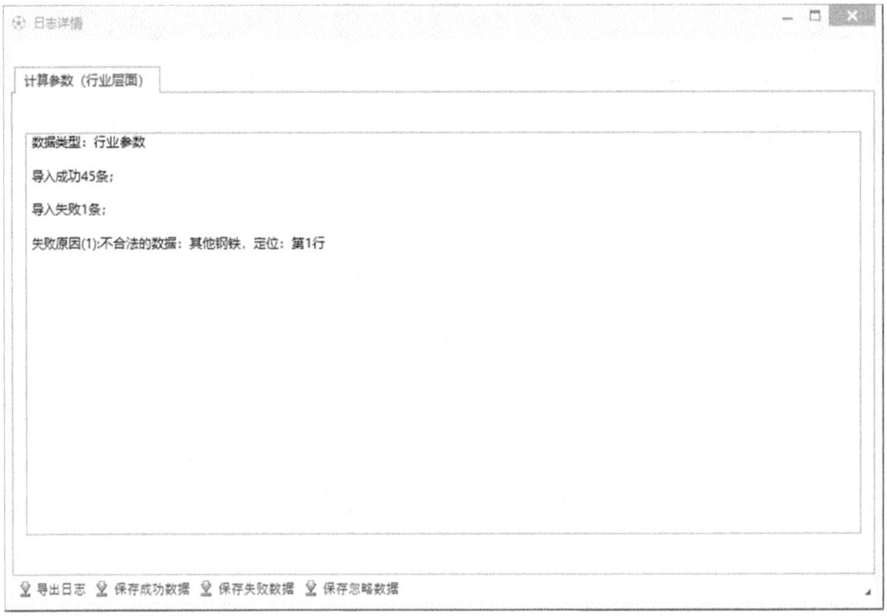

日志详情

计算参数（行业层面）

数据类型：行业参数

导入成功45条；

导入失败1条；

失败原因(1):不合法的数据：其他钢铁，定位：第1行

导出日志　保存成功数据　保存失败数据　保存忽略数据

图 9-7　数据导入日志显示图

图 9-8　钢铁行业流程数据示例（关系图形式）

图 9-9　钢铁行业工艺数据（关系图形式）

(a) 技术拓扑数据(关系图)

流程工艺技术体系(钢铁)

流程　工艺　技术

关系图　拓扑表　数据表

添加新数据 ▾　批量修改数据 ▾　修改数据 ▾

数据源	技术名称	黑名单	白名单	前置技术	后置技术	适用时间	适用区域
▸ zzf.							
◂ grace.[文献，报告]							
	顶装焦炉炭化室<4...	/	/	/	/	不限	中国
	顶装焦炉炭化室<4...	/	/	/	/	不限	不限
	顶装焦炉炭化室4.3...	/	/	/	/	不限	中国
	顶装焦炉炭化室4.3...	/	/	/	/	不限	不限
	顶装焦炉炭化室≥6...	/	/	/	/	不限	中国
	顶装焦炉炭化室≥6...	/	/	/	/	不限	不限
	捣固型焦炉4.25-5米	/	/	/	/	不限	不限
	捣固型焦炉5-5.5米	/	/	/	/	不限	不限
	捣固型焦炉5.5-6.2...	/	/	/	/	不限	不限
	烧结机<50m²	/	/	/	/	不限	不限
	烧结机50-180m²	/	/	/	/	不限	不限
	烧结机≥180m²	/	/	/	/	不限	不限
	竖炉<8m	/	/	/	/	不限	不限

(b) 技术拓扑数据(表格)

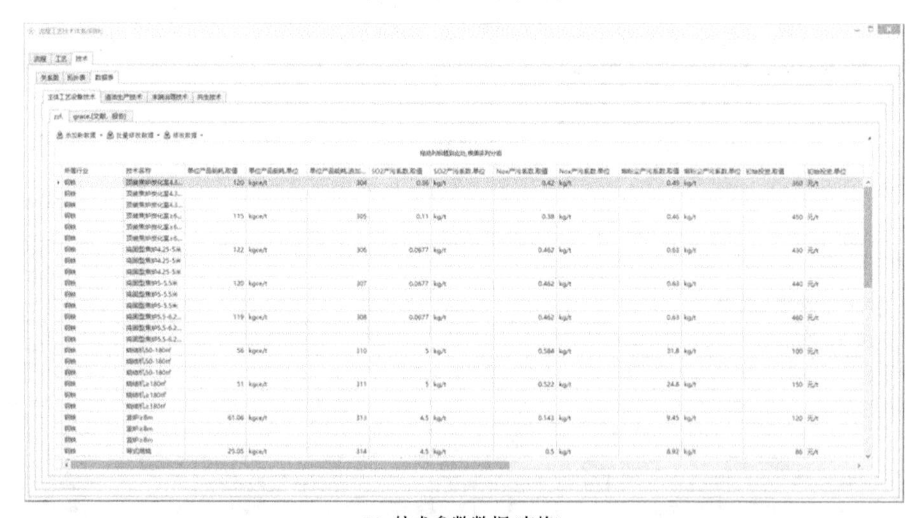

(c) 技术参数数据(表格)

图 9-10　钢铁行业技术数据

9.3　模 型 搭 建

行业节能减排评估模型软件的模型搭建功能遵循自底向上的工业系统模拟思路，基于“原料-工艺-技术-产品”体系的匹配关系和能源消耗、污染物排放的路径特征，内置完整模拟行业工艺技术系统模板。软件提供行业系统模型模板可供用户直接使用，也支持用户根据各自的研究边界和研究行业特征在模型模板基础上，实现对各个环节或单元的结构和数据进行新增和修改，从用户需求出发提供科学自定义构建工业节能减排系统模型的功能。在软件客户端的界面点击模型管理，可显示基于流程工艺技术体系的自底向上模型信息，包括研究尺度（区域、园区、企业、其他），涉及行业（单行业、跨行业），模型搭建过程分为三个步骤：创建模型、配置关系、量化表征。模型管理界面如图 9-11 所示。

图 9-11　平台客户端模型管理界面展示

9.3.1　创建模型

在完成工业节能减排规范化数据体系录入后，点击模型管理启动模型搭建功能进入流程工艺技术体系模型设定逻辑单元，用户可以根据各自研究主题特性依次设定区域、行业、流程、工艺、技术。软件开发出模型与数据联动的智能关联系统，即用户在设定逻辑单元时可以看到后台数据库中对应逻辑单元的数据信息并进行选择，避免了科研用户从零开始重新构建流程工艺技术体系的重复工作。如以钢铁行业为例，依次设定，区域设定为中国，行业设定为钢铁，流程设定为长流程炼钢（后台数据可见），工艺设定为转炉炼钢，技术分别设定为转炉<100t、转炉>100t。以上设定选项均可关联到数据库对应数据条目并且可在设定时进行选择。创建模型的界面如图 9-12 所示。

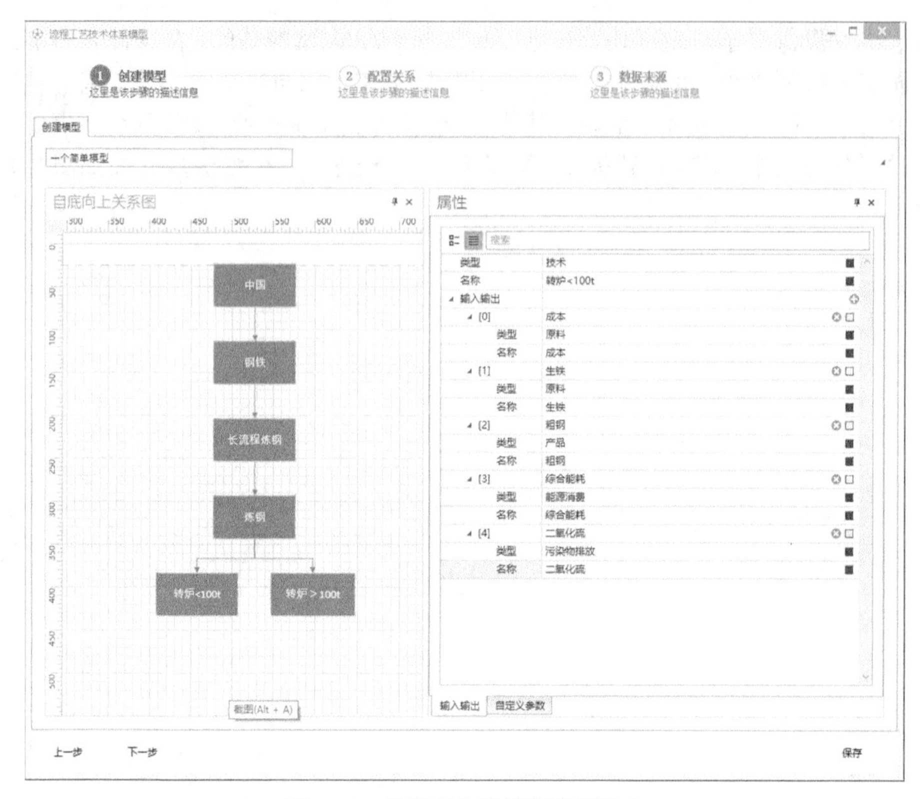

图 9-12　软件客户端创建模型界面

9.3.2　配置关系

配置关系是流程工艺技术体系模型搭建最关键的步骤，在上一步创建模型步骤之后将各个逻辑单元间的关系建立起来，从而形成完整紧密的行业工艺技术系统模型。在配置关系步骤中，先编辑纵向关系即各个逻辑单元间的上下级关系，例如，行业-钢铁是流程-长流程炼钢的上级，工艺-转炉炼钢是流程-长流程炼钢的下级；然后编辑动脉关系即选定和编排同一层级中各个逻辑单元的上下游关系主链，动脉关系默认由原料-产品的匹配关系确定；最后一步编辑静脉关系，即对动脉流之外的逻辑单元建立关联，静脉关系一般由副产品-原料/废弃物-原料等工艺技术间的共生关系确定。配置关系的界面如图 9-13 所示。

9.3.3　量化表征

量化表征步骤核心是对上一步的模型配置关系开展定量表征。在上一步配置关系后逻辑单元间的关联已建立，量化表征步骤即将这些关联关系定量化表达，确定关联关系的输入输出公式以及相关参数。用户可通过编辑公式确定定义模型单元中各项输入、输出的定量关系（图 9-14），通过确定数据来源确定相关参数（图 9-15 和图 9-16）。参数中定值部分的数据可直接选择工业节能减排规范化数据体系，也可根据研究需要补充调研，变量参数通过设定取值范围来确定。

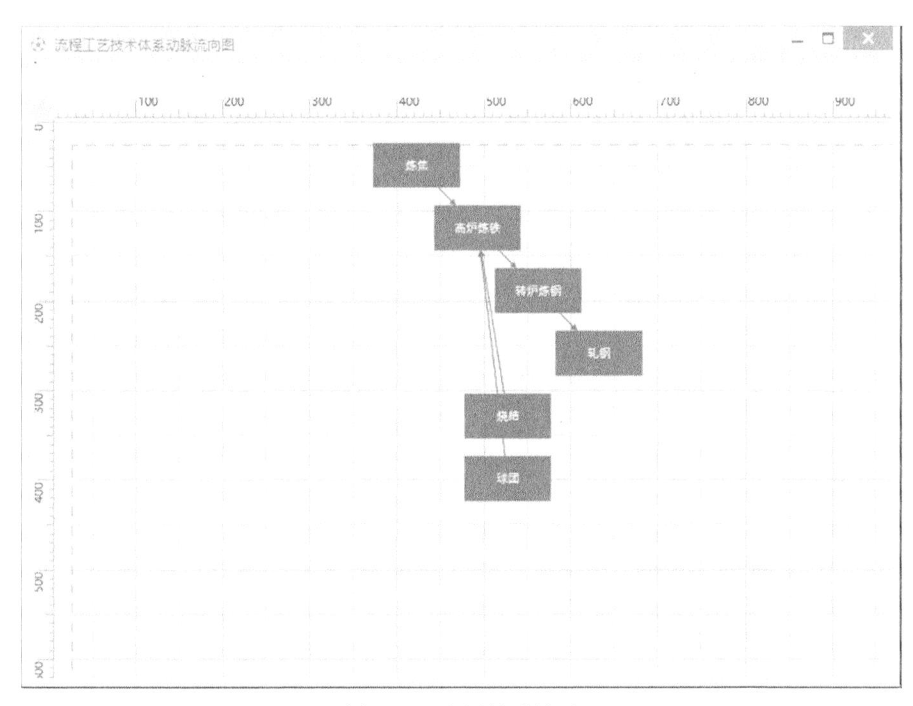

图 9-13　配置关系界面

图 9-14　公式编辑模块

图 9-15　参数配置界面

选择取值

转炉　搜索

拖动列标题到此处,根据该列分组

名称	指标	单位	适用时间	适用区域	数据来源
转炉50-100t单位产...	21	kgce/t	2015	不限	zzf.
转炉50-100t单位产...	21	kgce/t	2015	不限	grace.[文献，报告]
转炉50-100t单位产...	21	kgce/t	2015	不限	数据源 (空) 发布者 (...
转炉50-100t单位产...	21	kgce/t	2015	不限	zzf.
转炉50-100t单位产...	21	kgce/t	2015	不限	grace.[文献，报告]
转炉50-100t单位产...	21	kgce/t	2015	不限	数据源 (空) 发布者 (...
转炉50-100t单位产...	21	kgce/t	2015	不限	zzf.
转炉50-100t单位产...	21	kgce/t	2015	不限	grace.[文献，报告]
转炉50-100t单位产...	21	kgce/t	2015	不限	数据源 (空) 发布者 (...
转炉50-100t单位产...	21	kgce/t	2015	不限	zzf.
转炉50-100t单位产...	21	kgce/t	2015	不限	grace.[文献，报告]
转炉50-100t单位产...	21	kgce/t	2015	不限	数据源 (空) 发布者 (...
转炉50-100t单位产...	21	kgce/t	2015	不限	zzf.
转炉50-100t单位产...	21	kgce/t	2015	不限	grace.[文献，报告]
转炉50-100t单位产...	21	kgce/t	2015	不限	数据源 (空) 发布者 (...
转炉50-100t技术寿...	20	年	不限	不限	zzf.
转炉50-100t技术寿...	20	年	不限	不限	grace.[文献，报告]
转炉50-100t技术寿...	20	年	不限	不限	数据源 (空) 发布者 (...
转炉50-100t普及率[...	0.3	/	2020	不限	zzf.

提交添加

图 9-16　参数与规范化数据体系关联

9.4 数据交互

规范化数据导入后，软件系统支持数据在研究团队间的分享交互。数据可在本地库、个人库及教研组公共库间传递，实现成员间数据交互（图 9-17）。通过三个成果库交互，满足用户教研需要中的数据的汇总上传及同步下载功能。本地库的数据存放在本地，由个人用户自己维护；其作用在于储存导入的规范化数据，以及从云端接收数据及本地维护数据。个人库的数据存放在云端，是个人数据及教研组数据中转站，其作用在于储存从本地上传的数据，以及从教研组公共库中同步数据。教研组公共库的数据存放在云端，由教研组管理员维护，其作用在于存放教研组历史成果数据、项目数据等。软件的本地库-个人库-教研组公共库系统可快速实现数据的汇总上传（本地库→教研组公共库）及同步下载（教研组公共库→本地库），大大减少教研组间数据共享工作的无效时间。

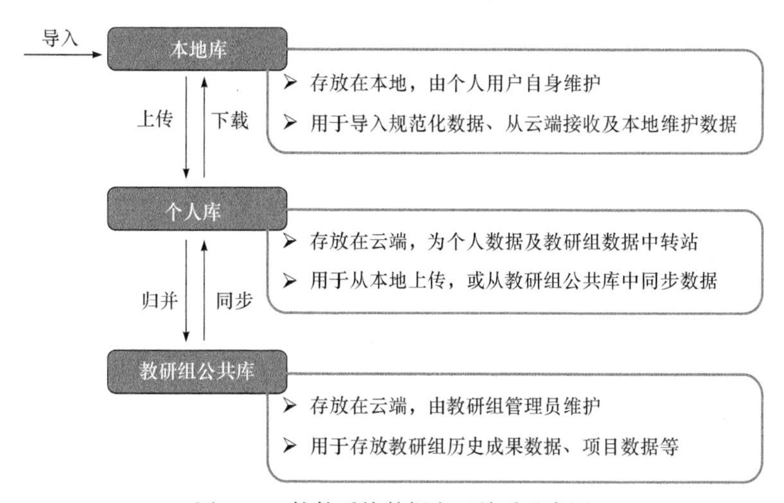

图 9-17　软件系统数据交互关系示意图

数据在导入本地库后，默认存放在本地库，用户可以主动选择将数据上传至个人库，以供教研组其他成员参考；用户还可以根据个人的科研需求从个人库选择性下载数据。在有权限的条件下，用户可以选择将个人库数据归并至教研组公共库，效果等同于将研究成果提交给教研组负责人或指导老师；同时用户可以选择数据并同步到个人库，即负责人可以将数据进行赋权，效果等同于教研组内科研成果交接转移。数据交互功能可以大幅简化成果交接步骤，便于新用户迅速展开研究，提高研究效率。具体的交互关系如表 9-2 所示。用户可通过购买不同的许可证以获取不同的用户权限。

表 9-2　软件系统数据交互关系表

交互行为	按照日志信息交互	按照更新时间交互	全部交互
含义	对某条日志中所有操作成功的内容进行批量交互	检查两个库中数据的更新时间，并将所有新数据实现交互	将一个库中所有信息更新至另一个库中
例	批量上传某条日志中所有导入成功的数据	将上次上传时间之后更新的本地数据全部上传至个人库	将本地库全部数据上传至个人库
上传	√	√	√
归并	√		
同步		√	
下载	√	√	√

9.5　算法运算与结果呈现

在搭建数据底层及建模后，课题组结合过去在节能减排管理上的研究基础，针对技术优选、不确定性分析以及环境效率评估等科学问题选定多项本领域算法，内置多项本领域常用的算法代码，提供用户直接调用。开发团队在软件的算法功能设计时，以工业节能减排常见科学问题为导向，将多项教研组已有算法内置到软件后台，并根据实际研究问题开发算法组合，实现多算法关联求解科学问题。算法初始选择界面如图 9-18 所示。

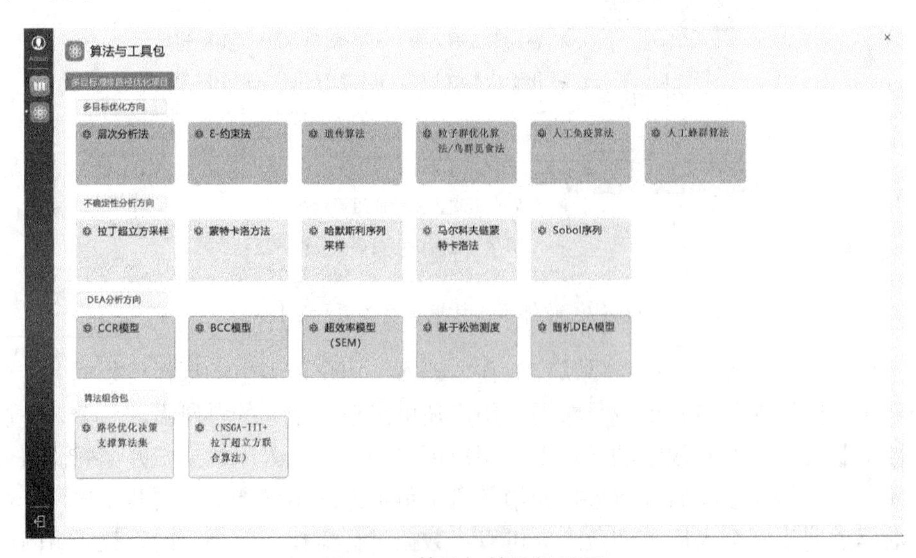

图 9-18　算法初始选择界面

软件的算法功能设置算法标准化求解流程，流程基本四步骤为输入设定、算法参数设定、算法深度调整、算法输出（图 9-19）。软件的算法标准化求解流程易于理解，容易上手或入门，用户只需明确输入以及参数设定就可以利用算法，从而大幅度减少科研人员的编程及软件操作时间，解决自底向上建模方法的算法及软件入门的瓶颈。同时，软件还支持算法模块创新及调试，便于用户开展方法学的创新研究。

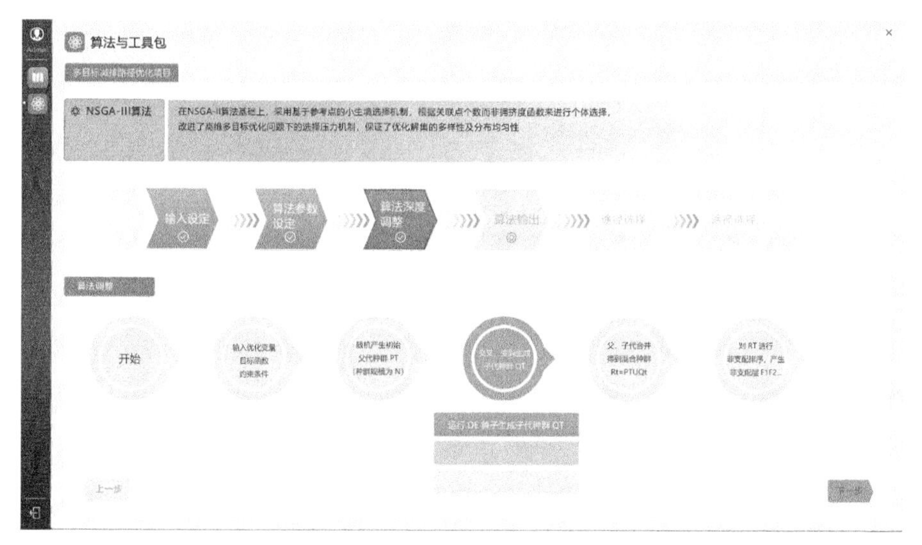

图 9-19　NSGA-III算法求解流程界面

软件还对算法运算结果提供分析结果的多元图像化表达工具，包括箱线图、HEATMAP、Hyper volume 图、折线图、差值图及其他图表展示方式。图 9-20～图 9-22 分别为优化算法的 HEATMAP 图、箱线图、折线图。算法结果的多元图

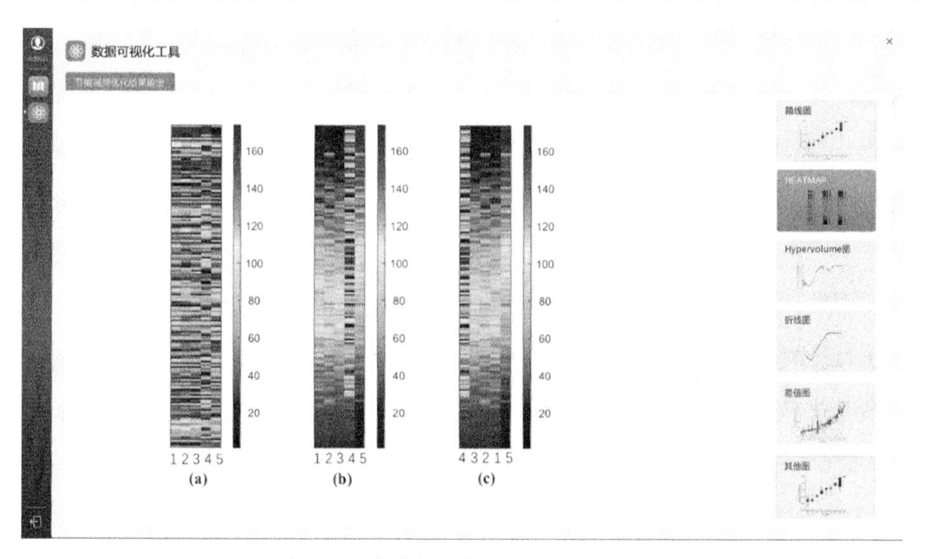

图 9-20　优化算法结果 HEATMAP 图

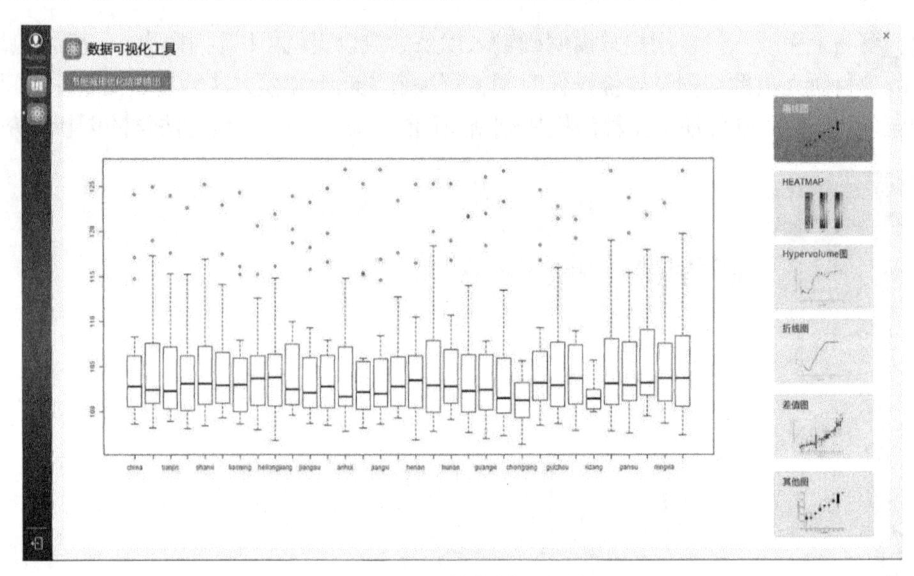

图 9-21　优化算法结果箱线图

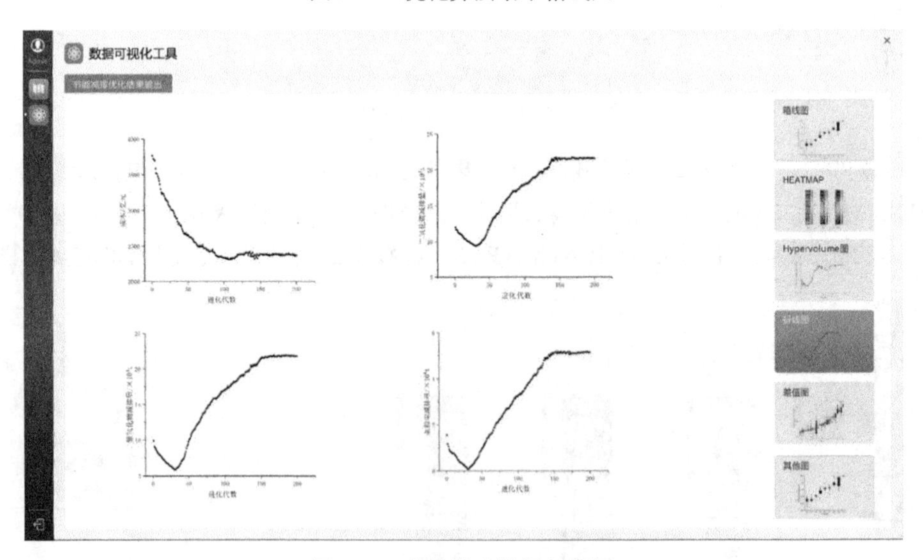

图 9-22　优化算法结果折线图

像化表达工具便于结果快速可视化呈现分析，丰富科研人员分析结果图像展现方式，有利于计算成果生动的可视化展示。

9.6　本 章 小 结

课题组在长期研究实践过程中总结了实际探索过程中面临的主要困难，开发了工业节能减排管理决策支持系统。目前分为网页版和客户端两种形式，均包含工业节能减排基础数据库、行业工艺技术系统建模和常用计算算法运用等模块。其中，后端基础数据库包括 Mysql 和 Mongodb 两种数据库，后台设置工业节能减排规范化数据体系、数据交互以及算法代码。前端展示数据录入编辑功能、行业工艺技术系统模型搭建功能以及算法参数标准化求解流程。基础数据库在稳定性、安全性、高效性方面表现优异，适合应用于业务复杂，性能要求较高的数据处理，并通过对数据库进行双机热备，保全数据不被破坏。展示部分利用 Ajax 技术，基于 Bootstrap 框架搭建 Web 前端页面，基于 chart.js 等插件构建展示内容，利用 JQuery 插件和后端服务器异步通信进行数据交互，能够利用可视化展现技术把后端信息展现出来，并支持交互式选择，提供良好的用户体验。

前端和用户进行系统交互后，把用户选择的数据利用 Ajax 技术传递给服务器后端，后端在接收到用户数据后，从数据库读取相应的指标数据，利用设定的算法对数据进行核算，同时把核算方案回传给用户前端；用户前端展示接收到的回传数据，实时输出结果，提供图表展示功能，供用户优化项目方案使用。

本系统首次提供了线上算法运行功能，为工业节能减排管理的科研人员降低编程及软件操作门槛的难度。开发团队在软件设计过程中充分考虑人性化用户体验，简化软件使用步骤和逻辑，反复改进软件使用界面以达到简洁友好的目的，将复杂庞大的智慧体系藏匿于后台运行系统中，在为用户提供友好使用体验的同时充分满足用户需求，实现强大的功能。

第 10 章　总结与展望

面对工业节能减排管理中的关键科学问题，本书针对不同层面开展精准化管理和系统化决策的方法学探索与工具开发，并结合节能减排管理工作中的实际需求开展不确定性分析，具有一定的理论意义和应用价值。

10.1　精准化管理

针对当前工业节能减排管理仅关注单一措施、个别工序的问题，应系统围绕行业规模控制、原料-产品结构升级、主体工艺结构升级、节点节能技术推广、末端治理技术推广、共生技术推广等关键性路径，开展行业全路径、分工序节能减排管理，识别工业部门具有关键效益的措施和关键潜力的工序。本书应用物质能量代谢分析方法和行业自底向上建模方法，开发的工业节能减排关键措施应用潜力评估模型，可以支撑工业节能减排中长期目标及路线图制定，从而实现精准化管理：

（1）建立单行业节能减排精准化管理模型。在“原料-工艺-技术-产品”的系统模拟基础上，定量评估和比对各主流措施的节能减排潜力，并将其分解至各个工序。这一方法突破了传统以统计分析为主的研究方法聚焦行业宏观整体的局限性，可以深入解析行业内的工艺-技术结构及节能减排措施的作用机制，分析主要政策因素变化对节能减排目标的影响，推动了行业节能减排分析模型进一步向机理化、白箱化发展。本书第 2 章的研究表明：钢铁行业实现节能、二氧化硫、氮氧化物、烟粉尘等不同管理目标应采取的关键措施差别显著（如对于节能和二氧化硫减排目标，行业规模控制和共生技术推广可实现的效益最大），节能潜力最大的为转炉炼钢工序，氮氧化物减排潜力最大的为烧结工序。

（2）建立全国层面的共生技术系统。针对当前单一行业内部节能减排空间逐渐收窄、成本日益提升的形势，依据“源行业-废弃物/副产品-介质（气、液、固）-利用方式（物料、余热、余压）-共生技术-共生产品-汇行业”链条，探索跨行业通过产业共生系统的物质能量代谢，建立产业共生体系中以副产品/废弃物为核心的多重工艺-技术匹配关联机制，开发网状结构的自底向上模拟方法，并搭建了以钢铁-电力-水泥行业为核心共 75 项共生技术的产业共生体系。该成果克服了传统产业共生研究集中于企业微观尺度的不足，突破了传统自底向上建模适用于单一行业线性技术体系模拟的局限性，首次在全国尺度模拟产业共生技术系统并量化了环境效益，可以支撑产业共生技术推广路线图规划，促进工业领域循环经济发展及其节能减排目标。

10.2 系统化决策

当前世界各国工业节能减排空间收窄，而约束性环境控制目标日益增多，已全面覆盖了能耗、水耗限额、大气和水污染物排放等诸多方面。同时，随着工业节能减排的持续深入，边际成本加速攀升，成为影响节能减排主体行为的重要因素。现有研究表明，各项环境目标及经济成本之间存在复杂的协同效应与冲突关系。传统的工业节能减排管理工作以单环境目标控制为导向，往往面临环境目标的隐性转移风险，使得环境管理实践上的不确定性极大。本书全面考虑决策方案对能源、环境、经济多目标的影响，统筹目标间的复杂关联机制，从多个层面开展工业节能减排的系统化决策。

（1）技术层面。开发以熵权 TOPSIS 方法为核心的多属性决策模型，基于能源、环境、技术、经济等多维属性实现技术综合评估，克服当前节能减排技术筛选依赖主观打分的弊端，为节能减排先进适用技术目录的制定提供方法支撑。本书第 4 章针对消纳钢铁行业副产品的 22 项共生技术，系统考虑了消纳单位副产品的节能量、CO_2减排量、废弃物/副产品利用效率、技术普及率、技术固定投资和技术投资回收期等六项属性，评估上述共生技术的相对优劣水平，并基于企业节能减排决策偏好研究提出最优方案。

（2）企业层面。模拟企业能源、原料投入和产品、污染物产出的物质代谢过程，采用 BCC、SBM 模型和 Bootstrap-DEA 等多项数据包络分析算法评估企业及各工艺的环境绩效，量化企业绿色生产水平，有助于精准定位企业的节能减排短板，提升管理效率。本书第 5 章识别了 54 家钢铁企业整体效率呈现的地域差异性，并实现工艺级的环境效率评估，从而确定样本企业的节能减排效率和关键落后工艺的改进建议。

（3）行业层面。首次将高维多目标优化算法 NSGA-Ⅲ应用于工业节能减排领域，突破节能减排管理目标维数上的局限，可以全面统筹节能、多项污染物减排和成本控制等管理目标约束，寻找以较低成本满足工业诸多约束性管理目标的系统性技术方案。在管理应用上，可以改变工业管理部门割裂、末端控制为主的单一目标导向式的模式，有效避免目标间的“隐性”转移问题，还有利于社会成本最小化，避免政策制定的局部优化偏差，降低节能减排的管理风险。例如，本书第 6 章考虑了 4 类节能减排措施，设计了节能、二氧化硫、氮氧化物、烟粉尘、

COD、氨氮等污染物减排和成本控制共七维的管理目标，建立四类自然与政策约束条件，应用 NSGA-Ⅲ算法实现了迭代求解。该算法创新性提出的参考点机制，可避免优化过程陷入局部最优，解决了过去节能减排优化问题中优化维数不高于 3 维的限制。

10.3 不确定性分析

工业节能减排决策的制定依靠工业系统的预测结果，但行业规模、工艺结构、技术效果等多类关键参数的不确定性，显著影响了工业系统预测的准确性，进而影响节能减排管理政策的实施成效。以往研究主要采取简化模型或有限情景分析预测工业系统的演进，难以覆盖工业系统参数波动下的各种情景，导致理论预测与实际情况可能出现明显不符。本书第 7 章以钢铁行业为例，开发了工业节能减排不确定性分析模型，识别了关键的行业参数、结构参数和技术参数的不确定度与波动范围，利用拉丁超立方采样方法采集 10 万次样本，识别节能减排目标及关键参数的合理区间，有效降低了决策方案不达标风险，显著提升了节能减排管理决策柔性。

10.4 管理应用实践

在解决理论和方法学问题的同时，本书立足于工业节能减排管理的实际需求，实现区域和平台两个层面的应用实践：

（1）开发区域节能减排管理方法，整合企业环境绩效评估和潜力分析模型，识别区域内需采取管理措施的重点企业，探究其节能减排路径，并在区域工业节能减排管理中应用精准化管理和系统化决策方法。本书第 8 章以山西省长治市为例，针对企业的产品产量、能耗、污染物排放等情况，应用复合指标系统表征各个企业的环境表现，确定重点管控企业名单，并追溯企业能源结构、主体工艺设备与末端治理技术等措施的应用，分析重点企业实现节能减排的关键路径及其潜力。

（2）开发工业节能减排管理决策支持系统，本书第 9 章以本课题组自主开发的系统为例，建立标准化的行业基础数据库和基于工艺-技术的自底向上模型体系，内嵌工业节能减排管理分析的常用算法，实现研究问题的快速、便捷的模型求解，降低研究组学习与研究的成本，提升成果的应用推广效率。

10.5　未来研究展望

（1）**“碳达峰”、“碳中和”目标约束下的工业节能减排管理**。工业是温室气体排放的重要贡献部门，“碳达峰”与“碳中和”目标对未来工业节能减排管理提出了全新的挑战。本书主要考虑工业系统节能、污染物减排和成本控制等目标，较少涉及温室气体减排问题。后续研究将结合工业部门实现“碳达峰”“碳中和”的管理需求，梳理工业部门温室气体减排措施，识别现有节能减排目标与温室气体减排目标间的协同效应与冲突关系，支撑“碳达峰”“碳中和”目标约束下的工业节能减排路线图分解及优化。

（2）**工业节能减排多元化管理措施的深度拓展**。主流工业节能减排措施不仅限于本书研究的规模调整、结构升级和技术推广，也包括信息技术应用和环境经济类措施等。其中，信息技术通过实时监控企业能耗、污染物排放情况，调度物质能量的流动和分配，提升工业生产效率以实现节能减排；环境经济措施通过补贴、税收、排放权交易等方式调控产业结构，激励行业开展节能减排行动。后续研究需拓展现有建模及核算方法，整合各项主流节能减排管理措施，以贴近工业节能减排管理的实际场景。

（3）**工业节能减排空间化的精准管理**。本书的工业节能减排精准化管理主要解决措施优选和工艺分解，尚未考虑工艺-技术系统运行在空间上的差异化问题。实际上，受经济发展水平、产业集聚、自然资源禀赋等因素影响，区域间的工业产能分布、节能减排管理水平等通常具有较大差异，不利于全国节能减排管理与宏观政策的落地实施。应加强区域层面工业工艺-技术的数据收集，从空间维度开展工业节能减排精准管理研究，有助于因地制宜地制定更精确、符合地方实际情况的管理策略。

（4）**城市-工业共生系统构建研究**。城市-工业共生是消纳固体废弃物、推进“无废城市”建设的关键路径。城市产生的废旧建筑垃圾、废旧钢材、淘汰电子产品等废弃物均可通过工业设施消纳和实现再利用，赤泥、粉煤灰等部分工业废弃物也可在污水处理等市政部门得到再利用。本书在产业共生技术系统中涉及了钢铁等典型行业个别跨行业的共生技术。未来应将城市作为独立部门纳入产业共生技术系统，梳理城市和工业间的物质、能量交互途径，评估城市共生系统关键技术的环境经济效益，进一步挖掘城市与工业部门间共生的节能减排潜力，构建生产与生活系统循环链接的高效共生体系，实现绿色低碳循环发展。

附　录

附录 A　企业环境效率评估结果

表 A-1　烧结工序环境效率评估结果

编号	BCC	BCC（修正）	SBM	SBM（修正）
N1	0.878	0.860	1.000	1.000
N2	0.700	0.689	0.765	0.738
N3	0.688	0.502	0.833	0.813
N4	0.629	0.374	1.000	0.938
N5	0.792	0.709	0.933	0.886
N6	1.000	1.000	1.000	1.000
N7	0.747	0.686	0.764	0.739
N8	1.000	0.923	1.000	1.000
N9	0.764	0.691	0.885	0.861
N10	0.804	0.747	0.815	0.795
N11	1.000	1.000	1.000	1.000
N12	1.000	1.000	1.000	1.000
N13	0.644	0.428	0.885	0.857
N14	1.000	1.000	1.000	1.000
N15	1.000	1.000	1.000	1.000
N16	0.654	0.639	0.795	0.785
N17	0.821	0.812	0.985	0.942
N18	0.690	0.533	0.862	0.851
N19	0.774	0.687	0.951	0.930
N20	0.710	0.473	1.000	1.000
N21	1.000	1.000	1.000	1.000
N22	0.647	0.439	0.873	0.829
C1	0.805	0.757	0.943	0.905
C2	1.000	1.000	1.000	0.997
C3	1.000	0.969	1.000	1.000
C4	0.802	0.684	0.970	0.939
C5	1.000	0.972	1.000	1.000

续表

编号	BCC	BCC（修正）	SBM	SBM（修正）
C6	0.680	0.483	0.907	0.882
C7	1.000	1.000	1.000	0.998
C8	0.666	0.439	1.000	1.000
C9	0.698	0.569	0.841	0.811
C10	0.823	0.805	0.903	0.880
C11	0.883	0.843	0.885	0.858
C12	0.804	0.730	0.929	0.913
C13	1.000	1.000	1.000	1.000
C14	0.911	0.819	0.833	0.804
C15	0.765	0.683	0.963	0.921
C16	1.000	1.000	1.000	0.964
C17	0.725	0.674	0.855	0.821
C18	0.609	0.443	0.794	0.767
C19	0.726	0.537	1.000	0.996
S1	0.873	0.864	0.989	0.937
S2	1.000	0.896	1.000	0.982
S3	1.000	0.892	1.000	0.965
S4	1.000	0.810	1.000	0.958
S5	0.845	0.819	0.973	0.927
S6	1.000	0.836	1.000	0.982
S7	0.711	0.470	0.973	0.934
S8	0.695	0.505	0.939	0.912
S9	0.771	0.581	1.000	0.983
S10	0.679	0.455	0.933	0.905
S11	0.726	0.590	0.884	0.857
S12	0.680	0.615	0.806	0.789
S13	0.763	0.748	0.816	0.789

表 A-2　炼焦工序环境效率评估结果

编号	BCC	BCC（修正）	SBM	SBM（修正）
N2	0.638	0.414	0.675	0.630
N3	0.714	0.632	0.618	0.601
N8	0.674	0.553	0.628	0.596
N9	1.000	1.000	1.000	0.900

续表

编号	BCC	BCC（修正）	SBM	SBM（修正）
N11	1.000	1.000	1.000	1.000
N12	1.000	0.839	1.000	0.965
N18	0.689	0.554	0.730	0.706
N19	1.000	0.988	1.000	0.998
N20	0.822	0.796	1.000	0.981
N22	0.434	0.233	0.552	0.545
C1	0.563	0.420	0.505	0.496
C2	0.760	0.622	0.905	0.819
C3	1.000	0.846	1.000	1.000
C4	1.000	1.000	1.000	0.899
C5	1.000	0.998	1.000	0.989
C6	0.718	0.603	1.000	0.967
C11	1.000	1.000	1.000	1.000
C12	0.866	0.814	1.000	0.916
C14	0.375	−0.204	0.693	0.615
C15	1.000	1.000	1.000	1.000
C18	0.498	0.295	0.445	0.435
S1	0.562	0.515	0.338	0.324
S2	1.000	0.683	1.000	0.866
S3	0.555	0.219	0.949	0.811
S4	0.635	0.372	0.852	0.778
S5	1.000	1.000	1.000	1.000
S7	1.000	1.000	1.000	0.986
S8	1.000	1.000	1.000	0.992
S9	0.868	0.782	1.000	0.905
S10	1.000	1.000	1.000	0.975
S11	0.661	0.558	0.667	0.620
S13	1.000	0.694	1.000	0.860

表 A-3 炼铁工序环境效率评估结果

编号	BCC	BCC（修正）	SBM	SBM（修正）
N1	0.669	0.503	0.899	0.885
N2	0.628	0.453	0.860	0.823
N3	1.000	1.000	1.000	0.994

续表

编号	BCC	BCC（修正）	SBM	SBM（修正）
N4	1.000	0.767	1.000	1.000
N5	0.678	0.442	0.953	0.933
N6	1.000	1.000	1.000	1.000
N7	1.000	1.000	1.000	1.000
N8	0.649	0.474	0.904	0.876
N9	1.000	1.000	1.000	1.000
N10	0.612	0.387	0.903	0.867
N11	0.789	0.691	0.990	0.944
N12	1.000	1.000	1.000	1.000
N13	0.589	0.349	0.859	0.820
N14	1.000	0.797	1.000	0.969
N15	1.000	0.925	1.000	1.000
N16	1.000	0.652	1.000	1.000
N17	0.604	0.409	0.917	0.884
N18	0.648	0.511	0.800	0.787
N19	0.749	0.617	1.000	0.993
N20	0.640	0.450	0.869	0.860
N21	0.630	0.400	0.942	0.906
N22	0.650	0.463	0.955	0.928
C1	0.650	0.496	0.959	0.921
C2	1.000	0.787	1.000	0.965
C3	1.000	0.944	1.000	1.000
C4	0.676	0.490	0.895	0.881
C5	1.000	0.999	1.000	1.000
C6	0.626	0.421	0.927	0.899
C7	1.000	0.899	1.000	1.000
C8	0.648	0.445	1.000	1.000
C9	0.671	0.537	0.858	0.841
C10	0.632	0.429	0.909	0.889
C11	0.588	0.381	0.869	0.832
C12	0.636	0.462	0.832	0.814
C13	1.000	1.000	1.000	1.000
C14	0.636	0.462	0.849	0.831
C15	1.000	0.814	1.000	0.984
C16	0.632	0.450	0.795	0.772

续表

编号	BCC	BCC（修正）	SBM	SBM（修正）
C17	0.578	0.380	0.808	0.785
C18	0.635	0.470	0.861	0.826
C19	0.631	0.512	0.758	0.729
S1	1.000	0.752	1.000	0.948
S2	1.000	0.775	1.000	0.969
S3	1.000	1.000	1.000	1.000
S4	0.637	0.442	0.922	0.896
S5	0.709	0.577	0.994	0.944
S6	1.000	0.751	1.000	0.984
S7	0.640	0.454	0.919	0.893
S8	1.000	1.000	1.000	1.000
S9	0.591	0.374	0.870	0.847
S10	0.654	0.480	0.892	0.874
S11	0.686	0.531	0.951	0.919
S12	0.600	0.455	0.798	0.781
S13	0.739	0.571	0.938	0.925

表 A-4　炼钢工序环境效率评估结果

编号	BCC	BCC（修正）	SBM	SBM（修正）
N1	0.728	0.584	0.736	0.733
N2	0.773	0.650	0.910	0.910
N3	0.852	0.791	0.903	0.902
N4	1.000	0.936	1.000	1.000
N5	0.678	0.531	0.949	0.949
N6	1.000	1.000	1.000	1.000
N7	1.000	1.000	1.000	1.000
N8	0.661	0.530	0.816	0.811
N9	0.785	0.660	0.861	0.854
N10	0.754	0.739	0.787	0.787
N11	0.709	0.588	0.986	0.985
N12	1.000	1.000	1.000	1.000
N13	0.666	0.467	0.984	0.983
N14	0.671	0.466	0.863	0.849
N15	0.890	0.856	0.955	0.944

续表

编号	BCC	BCC（修正）	SBM	SBM（修正）
N16	0.639	0.527	1.000	0.995
N17	0.588	0.448	0.979	0.979
N18	0.709	0.648	0.739	0.738
N19	0.674	0.507	0.833	0.832
N20	0.687	0.607	0.722	0.719
N21	1.000	0.749	1.000	1.000
N22	0.694	0.598	0.877	0.876
C1	0.523	0.298	0.953	0.953
C2	1.000	1.000	1.000	1.000
C3	0.693	0.480	1.000	1.000
C4	0.730	0.557	0.839	0.814
C5	1.000	1.000	1.000	1.000
C6	0.589	0.413	0.955	0.954
C7	0.707	0.502	0.859	0.837
C8	1.000	1.000	1.000	1.000
C9	1.000	1.000	1.000	1.000
C10	0.696	0.505	0.904	0.883
C11	0.671	0.550	0.937	0.936
C12	0.703	0.573	0.848	0.841
C13	0.809	0.697	1.000	1.000
C14	0.777	0.678	0.722	0.718
C15	0.563	0.204	0.828	0.814
C16	0.658	0.394	0.938	0.930
C17	0.553	0.346	0.761	0.750
C18	0.738	0.642	0.792	0.783
C19	0.803	0.764	1.000	0.998
S1	0.842	0.750	0.983	0.980
S2	0.657	0.539	0.822	0.822
S3	0.800	0.736	0.941	0.926
S4	0.633	0.511	0.798	0.793
S5	0.731	0.614	0.951	0.946
S6	1.000	1.000	1.000	1.000
S7	0.794	0.687	0.933	0.931
S8	1.000	0.894	1.000	1.000
S9	0.620	0.472	0.912	0.911

续表

编号	BCC	BCC（修正）	SBM	SBM（修正）
S10	0.661	0.440	0.846	0.844
S11	0.567	0.379	0.857	0.851
S12	1.000	0.994	1.000	1.000
S13	0.705	0.618	0.908	0.908

表 A-5　轧钢工序环境效率评估结果

编号	BCC	BCC（修正）	SBM	SBM（修正）
N1	0.600	0.440	0.902	0.883
N3	0.626	0.460	0.823	0.822
N4	0.592	0.415	1.000	0.991
N5	0.619	0.455	0.907	0.887
N6	1.000	1.000	1.000	1.000
N8	0.596	0.419	0.899	0.886
N9	0.598	0.402	0.938	0.921
N10	1.000	1.000	1.000	1.000
N11	0.919	0.873	1.000	1.000
N12	1.000	0.694	1.000	1.000
N13	1.000	0.840	1.000	0.996
N14	1.000	1.000	1.000	1.000
N15	1.000	0.759	1.000	0.977
N16	0.620	0.453	1.000	1.000
N18	0.623	0.458	0.850	0.837
N19	0.623	0.486	1.000	0.998
N20	0.572	0.388	0.813	0.808
N21	0.597	0.431	1.000	0.990
N22	0.604	0.419	0.913	0.888
C1	0.626	0.419	1.000	0.974
C2	1.000	1.000	1.000	0.995
C3	1.000	0.874	1.000	1.000
C4	1.000	0.890	1.000	0.984

续表

编号	BCC	BCC（修正）	SBM	SBM（修正）
C5	1.000	1.000	1.000	1.000
C6	0.643	0.478	1.000	0.961
C7	0.646	0.399	0.925	0.915
C8	0.535	0.329	1.000	1.000
C9	0.600	0.349	1.000	0.962
C10	0.726	0.539	1.000	0.985
C11	0.627	0.575	0.795	0.784
C12	0.714	0.529	1.000	1.000
C14	0.625	0.454	0.926	0.906
C16	0.697	0.534	0.999	0.963
C17	0.596	0.514	0.751	0.746
C18	1.000	1.000	1.000	1.000
C19	0.548	0.360	1.000	0.986
S1	0.814	0.707	1.000	0.989
S2	1.000	1.000	1.000	1.000
S3	0.679	0.461	0.980	0.949
S5	1.000	0.802	1.000	0.991
S6	1.000	1.000	1.000	1.000
S7	1.000	1.000	1.000	0.982
S8	0.604	0.424	0.900	0.885
S9	1.000	0.748	1.000	0.980
S11	0.605	0.447	0.896	0.875
S13	0.535	0.328	0.895	0.859

附录 B 高维多目标优化算法代码

Nsga3.m

```
% Project Code: YPEA126
```

```
% Project Title: Non-dominated Sorting Genetic Algorithm III (NSGA-III)
% Publisher: Yarpiz (www.yarpiz.com)
clc;

close all;
%%
global data VarMin VarMax
%% Dataimport
Temp=importdata(['调研表.xlsx']);
%%
data=Temp.data.data;
%% Problem Definition

CostFunction = @(x) MOP2(x);  % Cost Function 目标函数的集合，为n×1向量

nVar = 84;    % Number of Decision Variables 变量个数

VarSize = [1 nVar]; % Size of Decision Variables Matrix

VarMin = data(:,11);   % Lower Bound of Variables
VarMax = data(:,12);   % Upper Bound of Variables
InitialMin = data(:,14);
InitialMax = data(:,15);

% Number of Objective Functions
nObj = 7; %目标个数


%% NSGA-II Parameters

% Generating Reference Points
nDivision = 4;  %分点的系数
Zr = GenerateReferencePoints(nObj, nDivision);
```

```
MaxIt = 200;  % Maximum Number of Iterations

nPop = 200;  % Population Size

pCrossover = 1;       % Crossover Percentage
nCrossover = 2*round(pCrossover*nPop/2); % Number of
Parnets (Offsprings)

pMutation = 1;       % Mutation Percentage
nMutation = round(pMutation*nPop);  % Number of Mutants

mu = 0.06;     % Mutation Rate

sigma = 0.03; % Mutation Step Size

%% Colect Parameters

params.nPop = nPop;
params.Zr = Zr;
params.nZr = size(Zr,2);
params.zmin = [];
params.zmax = [];
params.smin = [];
averagecost = [];
%% Initialization

disp('Staring NSGA-III ...');

empty_individual.Position = [];
empty_individual.Cost = [];
empty_individual.Rank = [];
empty_individual.DominationSet = [];
empty_individual.DominatedCount = [];
empty_individual.NormalizedCost = [];
```

```
    empty_individual.AssociatedRef = [];
    empty_individual.DistanceToAssociatedRef = [];
    empty_individual.Err = [];

    pop = repmat(empty_individual, nPop, 1);
    for i = 1:nPop
        pop(i).Position  =  InitialMin  +  rand(nVar,1)  .*
(InitialMax - InitialMin);
        pop(i).Cost = CostFunction(pop(i).Position);
        pop(i).Err = ErrCalculation (pop(i).Position);
    end

    % Sort Population and Perform Selection
    [pop, F, params] = SortAndSelectPopulation(pop, params);


    %% NSGA-II Main Loop
    hyper=[];
    avervar=[];
    spacing=[];
    for it = 1:MaxIt

        % Crossover
        popc = repmat(empty_individual, nCrossover/2, 2);
        for k = 1:nCrossover/2

            i1 = randi([1 nPop]);
            p1 = pop(i1);

            i2 = randi([1 nPop]);
            i3 = randi([1 nPop]);

             if pop(i2).Err < pop(i3).Err
                p2=pop(i2);
            else if pop(i2).Err > pop(i3).Err
```

```
            p2=pop(i3);
        else if pop(i2).Err == pop(i3).Err
                V=rand;
                if V>0.5
                    p2=pop(i2);
                else
                    p2=pop(i3);
                end
              end
        end
    end
    [popc(k,1).Position,popc(k,2).Position]=Crossover
(p1.Position, p2.Position);

    popc(k, 1).Cost = CostFunction(popc(k, 1).Position);
    popc(k, 2).Cost = CostFunction(popc(k, 2).Position);

end
popc = popc(:);

% Mutation
popm = repmat(empty_individual, nMutation, 1);
 for k = 1:nMutation

    i = randi([1 nPop]);
    p = popc(k);

    popm(k).Position = Mutate(p.Position, mu, sigma);
    popm(k).Cost = CostFunction(popm(k).Position);
    popm(k).Err = ErrCalculation(popm(k).Position);
 end


% Merge
pop = [pop
```

```
        popm]; %#ok
    % 修正主体工艺参数值
    for fixp=1:2*nPop
        fix=pop(fixp).Position;
        fix(6)=1-fix(1)-fix(2)-fix(3)-fix(4)-fix(5);
        fix(9)=1-fix(7)-fix(8);
        fix(13)=1-fix(10)-fix(11)-fix(12);
        fix(17)=1-fix(14)-fix(15)-fix(16);
        fix(21)=1-fix(18)-fix(19)-fix(20);
        fix(24)=1-fix(22)-fix(23);
        fix(62)=1-fix(59)-fix(60)-fix(61);
        fix(64)=1-fix(63);
        fix(66)=1-fix(65);
        pop(fixp).Position=fix;
        pop(fixp).Cost = CostFunction(pop(fixp).Position);
        pop(fixp).Err = ErrCalculation(pop(fixp).Position);
    end

    % Sort Population and Perform Selection
    [pop, F, params] = SortAndSelectPopulation(pop, params);

    % Store F1
    F1 = pop(F{1});

    % Show Iteration Information
    disp(['Iteration'num2str(it)':Number of F1 Members = '
num2str(numel(F1))]);

    %% Plot F1 Costs
    px=zeros(numel(F1),7);
    var=zeros(numel(F1),84);
    for i=1:numel(F1)
    px(i,:)=F1(i).Cost;
    var(i,:)=F1(i).Position;
    end
```

```
        %% 计算目标平均变量

        avervar(it,:)=sum(px)/numel(F1);
        %% 计算 Spacing
        varsorted=sortrows(var,1);
        sd=[];
        for i=1:numel(F1)-1
            sd(i)=sqrt(sum((varsorted(i,:)-varsorted(i+1,:)).
^2));
        end
        sdaverage=sum(sd)/size(sd,1);

        Spacingsum=0;
        for i=1:numel(F1)-1
        Spacingsum=Spacingsum+(sd(i)-sdaverage)^2;
        end
        Spacing(it)=sqrt(Spacingsum/(numel(F1)-2));
    end


    %% Results

    disp(['Final Iteration: Number of F1 Members = ' num2str
(numel(F1))]);
    disp('Optimization Terminated.');
    plotNormalizedCost = zeros(7,nPop);
    for i_norm = 1:nPop
         ploNormalizedCost(:,i_norm) = pop(i_norm).Cost;

    end

    for i_norm = 1:nPop
        plotNormalizedCost(1,i_norm) = ploNormalizedCost(1,
i_norm)/(1000);
```

```
        plotNormalizedCost(2,i_norm)  =  ploNormalizedCost(2,
i_norm)/(1000000);
        plotNormalizedCost(3,i_norm)  =  ploNormalizedCost(3,
i_norm)/(1000000);
        plotNormalizedCost(4,i_norm)  =  ploNormalizedCost(4,
i_norm)/(1000000);
        plotNormalizedCost(5,i_norm)  =  ploNormalizedCost(5,
i_norm)/(1000000);
        plotNormalizedCost(6,i_norm)  =  ploNormalizedCost(6,
i_norm)/(1000000);
        plotNormalizedCost(7,i_norm)  =  ploNormalizedCost(7,
i_norm)/(10000);
    end
        for i=1:7
        c(i) = max(plotNormalizedCost(i,:));
        d(i) = min(plotNormalizedCost(i,:));
    end
     for i=1:nPop
    pCost(:,i)=(plotNormalizedCost(:,i)-d')./(c'-d');
     end

     figure(2)
     for i=1:nPop
         x=1:1:7;
     plot( x, pCost(:,i),'b');
     hold on
     end
     xlabel('Objective No.');
     ylabel('Objective Value');
     set(gca,'XTick',[1,2,3,4,5,6,7])
     grid
     %%
    for i_norm = 1:nPop
        positionofthevariables(i_norm,:)    =    pop(i_norm).
Position;
```

```
end
myheatmap(pCost);
```

MOP2.m

```
function z=MOP2(x)
global data
   n=numel(x);

   for i=1:84
      f1=f1-(x(i)-data(i,10))*data(i,1);
   end
   for i=1:6 %考虑炼焦部分的主体工艺的大气污染物排放
      f2=f2+(x(i)-data(i,10))*data(i,2)*1000;
      f3=f3+(x(i)-data(i,10))*data(i,3)*1000*0.54;
      f4=f4+(x(i)-data(i,10))*data(i,4)*1000;
   end
   for i=7:13 %考虑烧结及球团部分
      f2=f2+(x(i)-data(i,10))*data(i,2)*1000*0.128;
      f3=f3+(x(i)-data(i,10))*data(i,3)*1000;
      f4=f4+(x(i)-data(i,10))*data(i,4)*1000*0.01;
   end
   for i=14:17
      f2=f2+(x(i)-data(i,10))*data(i,2)*1000;
      f3=f3+(x(i)-data(i,10))*data(i,3)*1000;
      f4=f4+(x(i)-data(i,10))*data(i,4)*1000*0.015;
   end
   for i=18:21
      f2=f2+(x(i)-data(i,10))*data(i,2)*1000;
      f3=f3+(x(i)-data(i,10))*data(i,3)*1000;
      f4=f4+(x(i)-data(i,10))*data(i,4)*1000*0.022;
   end
   for i=22:24
      f2=f2+(x(i)-data(i,10))*data(i,2)*1000;
      f3=f3+(x(i)-data(i,10))*data(i,3)*1000;
```

```
        f4=f4+(x(i)-data(i,10))*data(i,4)*1000*0.022;
    end
    for i=1:26
         f5=f5+(x(i)-data(i,10))*data(i,5)*0.05;
         f6=f6+(x(i)-data(i,10))*data(i,6)*0.12;
    end
    for i=27:56
        f2=f2-(x(i)-data(i,10))*data(i,2)*0.128;
        f3=f3-(x(i)-data(i,10))*data(i,3)*0.54;
        f4=f4-(x(i)-data(i,10))*data(i,4)*0.019;
        f5=f5-(x(i)-data(i,10))*data(i,5)*0.2;
        f6=f6-(x(i)-data(i,10))*data(i,6)*0.01;
    end
        f3=f3-0.5*(307-307/0.54*(1-(x(57)*data(57,3)+x
(58)*data(58,3))));
        f2=f2-438+438/0.105*(1-(x(59)*data(59,2)+x(60)*
data(60,2)+x(61)*data(61,2)+x(62)*data(62,2)));
        f4=f4-259+259/0.018*(1-(x(59)*data(59,4)+x(60)*
data(60,4)+x(61)*data(61,4)+x(62)*data(62,4)))-167+167/0.0
11*(1-(x(63)*data(63,4)+x(64)*data(64,4)))-100+100/0.013*(
1-(x(65)*data(65,4)+x(66)*data(66,4)));
        f5=f5-0.2*(f5-f5/0.185*(1-(x(67)*data(67,5)+x(68)
*data(68,5)+x(69)*data(69,5))));
        f6=f6-0.2*(f6-f6/0.17*(1-(x(67)*data(67,6)+x(68)*
data(68,6)+x(69)*data(69,6))));
    for i=70:84
        f2=f2-(x(i)-data(i,10))*data(i,2);
        f3=f3-(x(i)-data(i,10))*data(i,3);
        f4=f4-(x(i)-data(i,10))*data(i,4);
        f5=f5-(x(i)-data(i,10))*data(i,5);
        f6=f6-(x(i)-data(i,10))*data(i,6);
    end
    for i=1:26
        if 7.75*x(i)-8.04*data(i,10)>0
            f7=f7+(7.75*x(i)-8.04*data(i,10))*data(i,7);
```

```
            end
        end
        for i=27:84
            f7=f7+(x(i)-data(i,10))*(data(i,7)+data(i,8)-
data(i,9));
        end


        z=[f1 f2 f3 f4 f5 f6 f7]';

    end
```

ErrCalculation.m

```
    function err_norm= ErrCalculation (x)
       global data VarMin VarMax
       c(1,1)=x(57)+x(58)-1;
       c(1,2)=x(59)+x(60)+x(61)+x(62)-1;
       c(1,3)=x(63)+x(64)-1;
       c(1,4)=x(65)+x(66)-1;
       c(1,5)=x(67)+x(68)+x(69)-1;


       err=(c>0).*c;
       d=[1,1,1,1,1];
       e=err./d;
       err_norm=sum(e,2);
    end
```

SortAndSelectPopulation.m

```
    function [pop, F, params] = SortAndSelectPopulation(pop,
params)

        [pop, params] = NormalizePopulation(pop, params);

        [pop, F] = NonDominatedSorting(pop);
```

```
    nPop = params.nPop;
    if numel(pop) == nPop
        return;
    end

    [pop, d, rho] = AssociateToReferencePoint(pop, params);

    newpop = [];
    for l=1:numel(F)
        if numel(newpop) + numel(F{l}) > nPop
            LastFront = F{l};
            break;
        end

        newpop = [newpop; pop(F{l})];   %#ok
    end

    while true

        [~, j] = min(rho);

        AssocitedFromLastFront = [];
        for i = LastFront
            if pop(i).AssociatedRef == j
                AssocitedFromLastFront = [AssocitedFromLast
Front i]; %#ok
            end
        end

        if isempty(AssocitedFromLastFront)
            rho(j) = inf;
            continue;
        end
```

```
            if rho(j) == 0
                ddj = d(AssocitedFromLastFront, j);
                [~, new_member_ind] = min(ddj);
            else
                new_member_ind = randi(numel(AssocitedFromLast
Front));
            end

            MemberToAdd = AssocitedFromLastFront(new_member_
ind);

            LastFront(LastFront == MemberToAdd) = [];

            newpop = [newpop; pop(MemberToAdd)]; %#ok

            rho(j) = rho(j) + 1;

            if numel(newpop) >= nPop
                break;
            end

        end

        [pop, F] = NonDominatedSorting(newpop);

    End
```

NormalizePopulation.m

```
    function [pop, params] = NormalizePopulation(pop, params)

        params.zmin = UpdateIdealPoint(pop, params.zmin);

        fp = [pop.Cost] - repmat(params.zmin, 1, numel(pop));

        params = PerformScalarizing(fp, params);
```

```
    a = FindHyperplaneIntercepts(params.zmax);

    for i = 1:numel(pop)
        pop(i).NormalizedCost = fp(:,i)./a;
    end

end

function a = FindHyperplaneIntercepts(zmax)

    w = ones(1, size(zmax,2))/zmax;

    a = (1./w)';

end
```

UpdateIdealPoint.m

```
function zmin = UpdateIdealPoint(pop, prev_zmin)

    if~exist('prev_zmin', 'var') || isempty(prev_zmin)
        prev_zmin = inf(size(pop(1).Cost));
    end

    zmin = prev_zmin;
    for i = 1:numel(pop)
        zmin = min(zmin, pop(i).Cost);
    end

end
```

PerformScalarizing.m

```
function params = PerformScalarizing(z, params)

    nObj = size(z,1);
```

```
    nPop = size(z,2);

    if~isempty(params.smin)
        zmax = params.zmax;
        smin = params.smin;
    else
        zmax = zeros(nObj, nObj);
        smin = inf(1,nObj);
    end

    for j = 1:nObj

        w = GetScalarizingVector(nObj, j);

        s = zeros(1,nPop);
        for i = 1:nPop
            s(i) = max(z(:,i)./w);
        end

        [sminj, ind] = min(s);

        if sminj < smin(j)
            zmax(:, j) = z(:, ind);
            smin(j) = sminj;
        end

    end

    params.zmax = zmax;
    params.smin = smin;

end

function w = GetScalarizingVector(nObj, j)
```

```
        epsilon = 1e-10;

        w = epsilon*ones(nObj, 1);

        w(j) = 1;

    end
```

NonDominatedSorting.m

```
    function [pop, F]=NonDominatedSorting(pop)

        nPop=numel(pop);

        for i=1:nPop
            pop(i).DominationSet=[];
            pop(i).DominatedCount=0;
        end

        F{1}=[];

        for i=1:nPop
            for j=i+1:nPop
                p=pop(i);
                q=pop(j);

                if Dominates(p,q)==1
                    p.DominationSet=[p.DominationSet j];
                    q.DominatedCount=q.DominatedCount+1;
                end

                if Dominates(q,p)==1
                    q.DominationSet=[q.DominationSet i];
                    p.DominatedCount=p.DominatedCount+1;
                end
```

```
        pop(i)=p;
        pop(j)=q;
    end

    if pop(i).DominatedCount==0
        F{1}=[F{1} i];
        pop(i).Rank=1;
    end
end

k=1;

while true

    Q=[];

    for i=F{k}
        p=pop(i);

        for j=p.DominationSet
            q=pop(j);

            q.DominatedCount=q.DominatedCount-1;

            if q.DominatedCount==0
                Q=[Q j];
                q.Rank=k+1;
            end

            pop(j)=q;
        end
    end

    if isempty(Q)
        break;
```

```
            end

            F{k+1}=Q;

            k=k+1;

        end


    end
```

Dominates.m

```
    function b=Dominates(x,y)
        b=0;
        if isstruct(x)
            x2=x.Cost;
            x1=x.Err;
        end

        if isstruct(y)
            y2=y.Cost;
            y1=y.Err;
        end
        if x1<y1
            b=1;
        else if x1==y1
        if all(x2<=y2) && any(x2<y2);
            b=1;
            end
        end
    end
```

UpdateIdealPoint.m

```
    function zmin = UpdateIdealPoint(pop, prev_zmin)
```

```
    if~exist('prev_zmin', 'var') || isempty(prev_zmin)
        prev_zmin = inf(size(pop(1).Cost));
    end

    zmin = prev_zmin;
    for i = 1:numel(pop)
        zmin = min(zmin, pop(i).Cost);
    end

end
```

GenerateReferencePoints.m

```
function Zr = GenerateReferencePoints(M, p)

    Zr = GetFixedRowSumIntegerMatrix(M, p)' / p;

end

function A = GetFixedRowSumIntegerMatrix(M, RowSum)

    if M < 1
        error('M cannot be less than 1.');
    end

    if floor(M)~= M
        error('M must be an integer.');
    end

    if M == 1
        A = RowSum;
        return;
    end

    A = [];
    for i = 0:RowSum
```

```
        B = GetFixedRowSumIntegerMatrix(M - 1, RowSum - i);
        A = [A; i*ones(size(B,1),1) B];
    end

end
```

AssociateToReferencePoint.m

```
function [pop, d, rho] = AssociateToReferencePoint(pop,
params)

    Zr = params.Zr;
    nZr = params.nZr;

    rho = zeros(1,nZr);

    d = zeros(numel(pop), nZr);

    for i = 1:numel(pop)
        for j= 1:nZr
            w = Zr(:,j)/norm(Zr(:,j));
            z = pop(i).NormalizedCost;
            d(i,j) = norm(z - w'*z*w);
        end

        [dmin, jmin] = min(d(i,:));

        pop(i).AssociatedRef = jmin;
        pop(i).DistanceToAssociatedRef = dmin;
        rho(jmin) = rho(jmin) + 1;

    end

end
```

Crossover.m

```
function [y1 y2]=Crossover(x1,x2)

    alpha=rand(size(x1));

    y1=alpha.*x1+(1-alpha).*x2;
    y2=alpha.*x2+(1-alpha).*x1;

end
```

Mutate.m

```
function y=Mutate(x,mu,sigma)
    global VarMin VarMax
    nVar=numel(x);

    nMu=ceil(mu*nVar);

    j=randperm(nVar,nMu);

    y=x;

    y(j)=x(j)+(sigma*randn(size(j)))';
    a=find(y>VarMax);
    y(a)=VarMin(a)+rand(length(a),1).*(VarMax(a)-VarMin
(a));
    b=find(y<VarMin);
    y(b)=VarMin(b)+rand(length(b),1).*(VarMax(b)-VarMin
(b));
end
```

Hypervolume.m

```
function v=hypervolume(P,r,N)
% Check input and output
error(nargchk(2,3,nargin));
```

```
error(nargoutchk(0,1,nargout));
a=diag(1./r);
P=P*diag(1./r);
[n,d]=size(P);
if nargin<3
   N=1000;
end
if~isscalar(N)
   C=N;
   N=size(C,1);
else
   C=rand(N,d);
end

fDominated=false(N,1);
lB=min(P);
fcheck=all(bsxfun(@gt, C, lB),2);

for k=1:n
   if any(fcheck)
      f=all(bsxfun(@gt, C(fcheck,:), P(k,:)),2);
      fDominated(fcheck)=f;
      fcheck(fcheck)=~f;
   end
end

v=sum(fDominated)/N;
```

Fuzzyc.m

```
%% 初始点选择
clunum=1; %聚类中心个数
clucen=[];
u=[]; %模糊值矩阵
eucdis=[]; %相对距离矩阵
```

```
    %%  设定模糊聚类的终止条件
    stopnumda=0.00001;
    %% 进入聚类循环
    numda=1;
    while (numda>stopnumda)
        %先计算欧氏距离
    %归一化
    a=[];
    a(1)=max(x(:,1))-min(x(:,1));
    a(2)=max(x(:,7))-min(x(:,7));
    a(3)=max(x(:,9))-min(x(:,9));
    a(4)=max(x(:,10))-min(x(:,10));

  for i=1:size(x,1)
    for j=1:clunum
        eucdis(i,j)=((x(i,1)-clucen(j,1))/a(1))^2+((x(i,
7)-clucen(j,7))/a(2))^2+((x(i,9)-clucen(j,9))/a(3))^2+((x(
i,10)-clucen(j,10))/a(4))^2;
    end
  end
  %然后得到模糊值矩阵
  nor=[];

   % 更新聚类中心
   clucennew=[];
   sumclu=sum(eucdis,1);
   ecuu=repmat(eucdis,1,size(x,2));
   sumpos=ecuu.*x;
   clucennew=sum(sumpos,1)/sumclu;

   % 测量距离
   eudclu=[];
   for i=1:clunum
```

```
    eudclu(i)=((clucennew(i,1)-clucen(i,1))/a(1))^2+
((clucennew(i,7)-clucen(i,7))/a(2))^2+((clucennew(i,9)-clu
cen(i,9))/a(3))^2+((clucennew(i,10)-clucen(i,10))/a(4))^2;
  end
  numda=sum(eudclu)/clunum;
  clucen=clucennew;
 end
```

附录C　不确定性分析采样结果

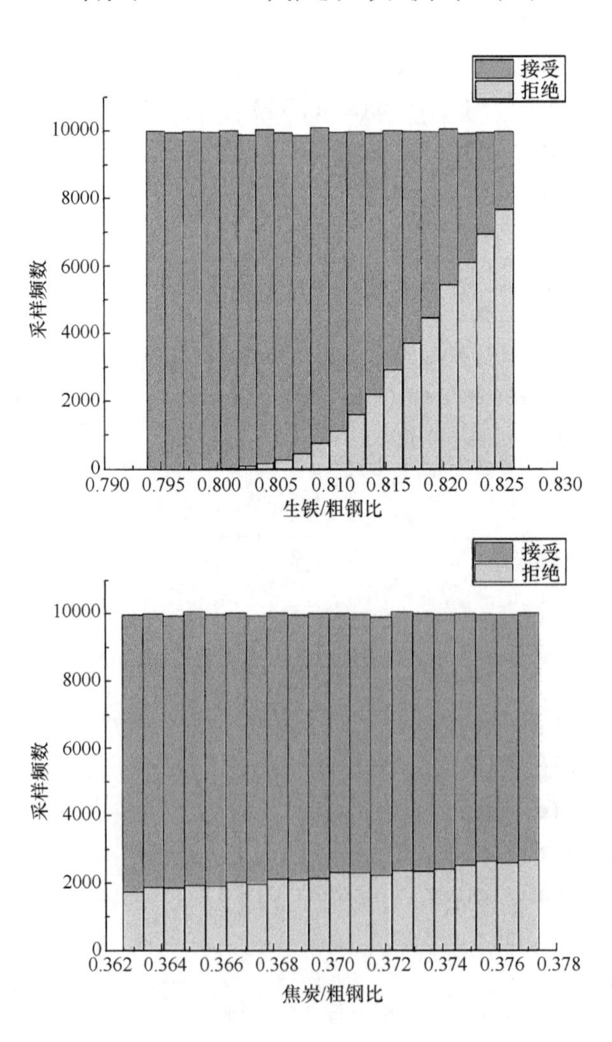

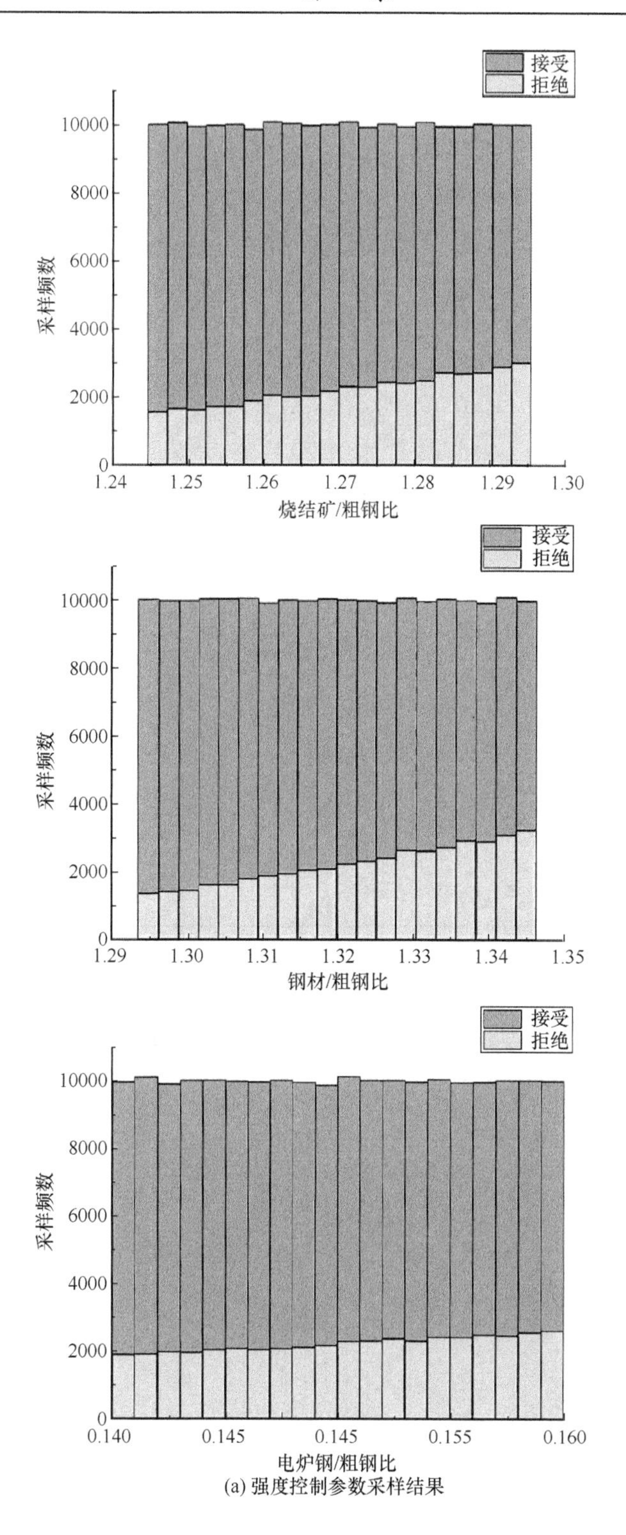

(a) 强度控制参数采样结果

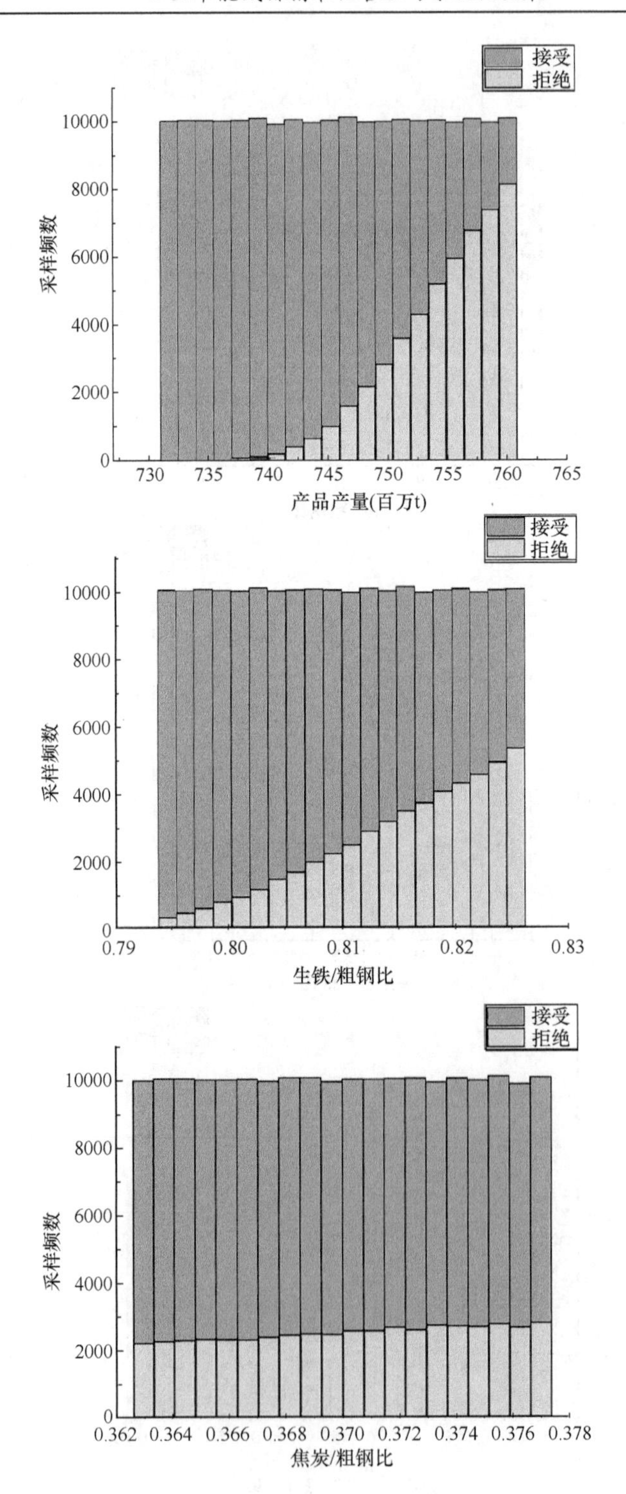
接受
拒绝
采样频数
产品产量(百万t)
接受
拒绝
采样频数
生铁/粗钢比
接受
拒绝
采样频数
焦炭/粗钢比

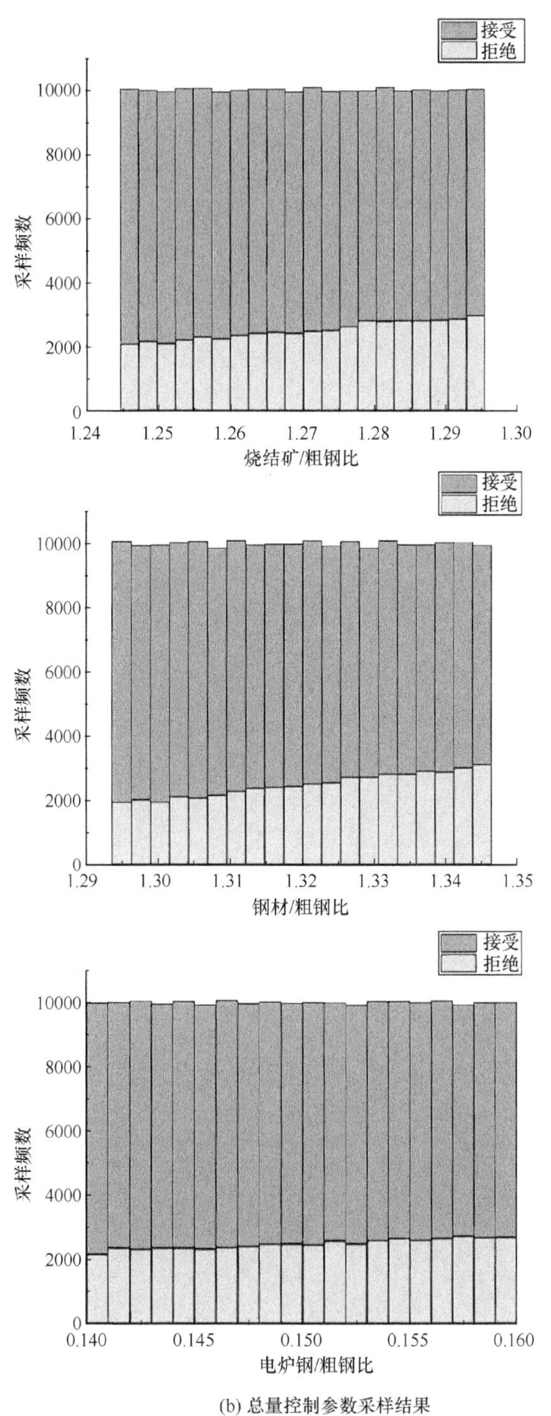

(b) 总量控制参数采样结果

图 C-1　不确定性分析采样结果分布

工业节能减排

精准化管理与系统化决策

科学出版社互联网入口
科学出版社 · 化学化工分社
电　话：010-64001695
E-mail：zhangshuxiao@mail.sciencep.com
销售分类建议：能源
环境

清华大学环境学院
循环经济产业研究中心

www.sciencep.com

定价：98.00元